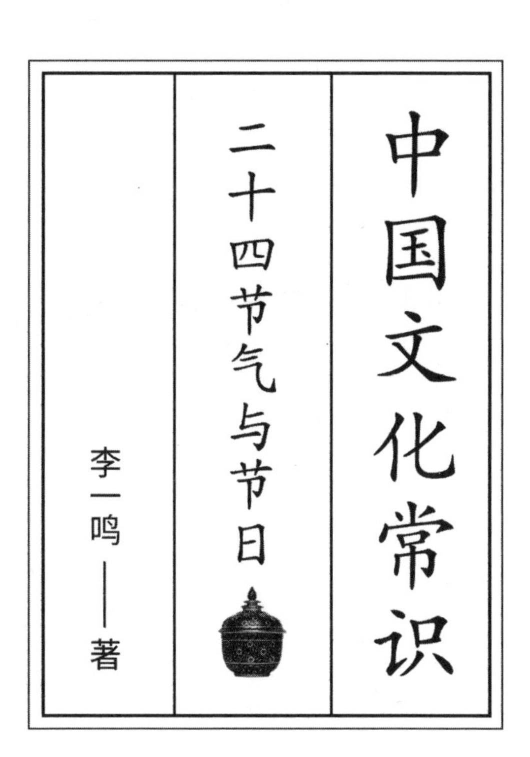

中国文化常识

二十四节气与节日

李一鸣——著

中国友谊出版公司

图书在版编目（CIP）数据

中国文化常识：二十四节气与节日 / 李一鸣著 . --
北京：中国友谊出版公司，2021.9
ISBN 978-7-5057-5261-0

Ⅰ. ①中… Ⅱ. ①李… Ⅲ. ①二十四节气－基本知识
②节日－风俗习惯－中国 Ⅳ. ①P462 ②K892.1

中国版本图书馆 CIP 数据核字 (2021) 第 138768 号

书名 中国文化常识：二十四节气与节日
作者 李一鸣
出版 中国友谊出版公司
发行 中国友谊出版公司
经销 新华书店
印刷 河北鹏润印刷有限公司
规格 710 × 1000 毫米 16 开
16 印张 197 千字
版次 2021 年 9 月第 1 版
印次 2021 年 9 月第 1 次印刷
书号 ISBN 978-7-5057-5261-0
定价 49.00 元
地址 北京市朝阳区西坝河南里 17 号楼
邮编 100028
电话 （010）64678009

自序

各位读者朋友们大家好，我是文史科普类自媒体“浩然文史”的创办者兼主笔李一鸣。呈现在大家面前的这本书，名为《中国文化常识·二十四节气与节日》，可以说是我近三年来对传统节日和节气方面的知识整理与思考的总结。熟悉“浩然文史”的朋友应当了解，传统的二十四节气和岁时节日，可以说是“浩然文史”的一块特色内容了。那么，为什么要普及、传播这些传统节日、节气的内容呢？从我个人的角度来说，有以下几个方面的原因：

首先，是我在求学过程中逐渐萌生的个人兴趣。我主要的学习和研究方向是中国古代史，但在学习和研究的过程中，我逐渐发现，传统的历史书写往往过于宏大叙事。人们习惯于将视角投向大人物，比如帝王将相或者大事件，比如战争与改革，抑或是大的政治、经济制度变迁。但实际上生活在每一段历史时空中的占据大多数人口的普通人，他们在传统的历史观察和书写中，往往遭到忽视。一个时代的大多数人，他们是如何生活的？我逐渐觉得，只有搞清楚这个问题，才能算真正地触摸到了历史的真实脉络。于是，我开始关注历史上的各种民俗问题。然而传统的民俗可谓是浩如烟海，为了不让自己迷失在这片广袤的海洋里，我需要某种线索。

时间，是我最容易想到的线索。从原始社会开始，面对日升月落、寒暑枯荣，我们的先民逐渐有了时间的概念。在漫长的生产生活中，人们逐渐发现某些特定的时间点是重要且特别的，这实际上就是节气最早的起源。而在一些特定的时期内，先民们也会周期性地重复着某些活动，比如在春季要播种，自然也会期盼着秋季的丰收；在秋季收获作物，丰收了自然要表达喜悦。年复一年中，人们表达愿望的方式逐渐地固定下来，成了一个群体在固定的时间和空间里，重复进行的一种群体的生活体验，这便是岁时的节日了。一年有十二个月，先民们在什么时间做什么事情？在什么时间通过何种方式表达何种情感？顺着这条岁时节日和节气的线索进行思考时，其中的答案我都仿若亲历一般。这是我眼中的历史，更是先民们真实的生活。

其次，这也与最近几年全国上下对传统文化复兴的提倡有关。传统的岁时节日、节气，无疑是我们传统文化的优秀代表，尤其是二十四节气，还入选了联合国教科文组织的非物质文化遗产名录，这更是掀起了整个社会关注传统节日和节气的热潮。作为一名人文学科的青年学者，也作为一个以普及文史知识为初心的自媒体人，我当然也产生了普及节日和节气方面知识的自觉。

再次，随着国家、社会对传统节日、节气的关注度提高，在公共舆论空间尤其是网络空间里，也产生了各种热议的话题。现代社会是一个价值多元的社会，并不是每一个人都喜爱传统节日和节气，针对传统节日和节气的复兴，也会有一些反对的声音。而在支持者、爱好者内部，关于如何复兴传统节日和节气，如何传承节日和节气的文化，其实也有很多争议，比如传统节日中有一些祭祀习俗，在今天看来算不算封建迷信呢？传统的节日和节气文化，有很多都是农业文明的产物，在今天的工业文明时代，在城市生活中该如何传承？还要不要传承？传承传统文化是要一成不变地继承，还是要有所屏弃？等等。作为熟悉互联网的青年学者，也作为身处舆论前沿的自媒体人，对这样的争议和探讨，我自然也有自己的看法。

基于这样的一些原因，在过去的三年时间里，我撰写了大量的关于传统节日和节气的科普文章，其中有一些还采取了更新颖的视频、音频等形式。然而，网络上的文章终归是快消品，单篇的文章也缺乏系统完整地整理归纳。借着这次出版的机会，我也好好地对这几年的作品重新进行了梳理和沉淀，并补充了大量的新内容，从而使得这些内容的结构更加清晰、完整。这本书名为《中国文化常识·二十四节气与节日》，其结构也就是以春夏秋冬四季作为基本框架。在每一个季节中，又进一步划分为节气和节日两个部分。对每一个节气和重要的传统节日，都详细地梳理了它们的历史、民俗、文化要素，对节日和节气在传承中的争议和问题，也谈了我自己的看法。此外，考虑到读者的阅读体验，这本书的行文也尽可能地做到了通俗易懂，相信这会是一本人人都可以畅读的作品。

是为自序。

李一鸣

2021 年 3 月于山东济南

目录

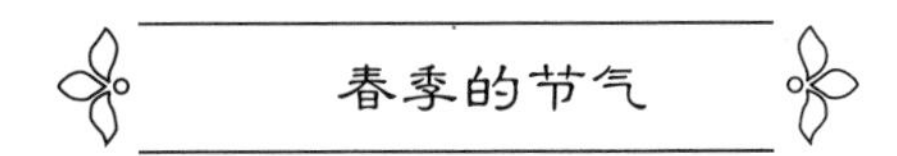

春季的节气

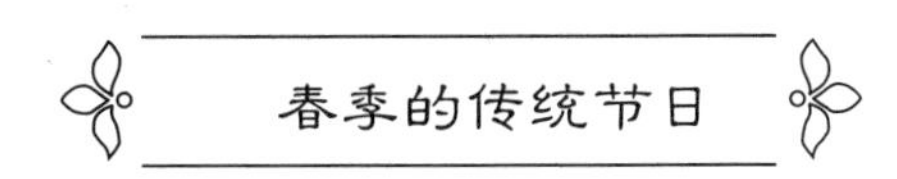

春季的传统节日

夏季的节气

夏季的传统节日

秋季的节气

秋季的传统节日

冬季的节气

冬季的传统节日

春

春季的节气

立春

立春只是春季的开始吗？可不是那么简单的！

二十四节气是我国先民制定出来的，是一套按照时间顺序指导生产生活的系统，但它最早其实是来自于先民们对气候和季节变化的感知。先民们观察日出日落、寒暑交替，才逐渐有了时间的观念。天气炎热的时候和天气寒冷的时候，分别对应着夏天和冬天，然后在夏天和冬天之间又逐渐地加入了春天和秋天，作为过渡。这是人们最早对于时间的观念的形成。那么，从什么时候开始进入一个季节呢？这就需要有一个开始的标志。立春以及立夏、立秋、立冬这些节气就是这么来的。所以立春的“立”，在《月令七十二候集解》里的解释就是**“建始也”**，即开始的意思。

立春是春季的开始，现在人们一般也把立春视作是二十四节气当中的第一个节气。而在古代的很长一段时间里，人们其实是把冬至当作节气的开始的。立春的时间在每年公历的 2 月 3 日至 5 日之间，当太阳达到黄经 315 度的时候就是立春了。

立春的三候

立春作为一个节气，首先它是一种对自然气候的记录。古人在二十四节气之外，实际上还有七十二候的说法，也就是把每一个节气的这 15 天

碧玉妆成一树高，万条垂下绿丝绦。

不知细叶谁裁出，二月春风似剪刀。

——唐·贺知章

再等分为三份，用三种常见的自然或人文现象，去进一步详细地描述这个节气的情况，这就是所谓的三候。当然，因为我国幅员辽阔，南北方的气候差别很大。所以这七十二候也跟二十四节气一样，主要是对黄河中下游地区情况的总结。而且古人毕竟没有现在的气象知识和监测条件，所以要问在这五天里一定会发生这个现象吗？我们只能说在这五天前后，大致会出现这样的情况。每个节气都有它的三候，立春的三候是**“一候东风解冻；二候蛰虫始振；三候鱼陟负冰”**，古人用这三种自然现象和动物的反应来描绘立春节气的景象。

先说“一候东风解冻”。我国古代黄河中下游的冬季主要是盛行北风的。那么进入春季之后，古人敏锐地感受到了风向以及气温的变化。随着风向的变化，气温开始逐渐回暖，这是春季开始的信号。

“二候蛰虫始振”和“三候鱼陟负冰”，都是动物们随着气温的升高各自做出的反应。冬眠于泥土当中的昆虫，感受到了温度的变化，开始有所活动，但此时的温度又不足以让它们从地底钻出来，所以叫作“始振”。而随着温度的升高，河面的冰开始融化，河中的鱼开始浮上水面，同时水中还有很多碎冰，古人看到此景就觉得鱼像在驮着冰块游动一样，所以叫作“负冰”。总之，这些自然现象都表明，春天已经很近了。

立春的民俗

二十四节气主要是反映黄河中下游地区的气候状况，但是对我国古代生活在各个地域的人们来说，立春作为春季的开始，是一个非常重要的时间节点。各地的气候有所不同，那么对于立春这个节点的庆祝方式，也就产生了很多地方性的变化，从而有了各自不同的立春的习俗。在这里，我就选取介绍几个流传范围比较广的习俗。

首先最常见的也是历史最为悠久的一个立春的习俗是“打春牛”。我们都知道中国古代是农业社会，牛在古代社会是特别重要的一种家畜。立春之后很快就要进入春播，也就到了需要耕牛出力的时候，“打春牛”也是为了让耕牛振奋精神、打掉惰性的一种仪式，同时也包含着先民们对丰收的祈祷。

“打春牛”的习俗历史非常悠久，可以一直追溯到西周时期。据《周礼》记载，每年立春时节，周天子要率领三公九卿、诸侯等前往东郊举行迎春仪式。在仪式上的供桌上，要摆放一头塑好的土牛，然后由主持祭祀的官员执鞭抽打土牛，这便是最早的“打春牛”的仪式。“打春牛”的仪式从西周开始，在古代中国各个朝代的官方迎春仪式中都有出现，并且也逐渐地扩散到民间，形式也变得更为热闹和灵活。比如被鞭打的春牛，就从最早的土牛变成了后来的纸牛，即用木条编织框架再贴上彩纸做成。春牛的形制也表达了人们更多美好的愿望，比如牛的四肢代表一年四季；牛的尾巴要有一尺二寸（约 40 厘米），代表一年十二个月；牛的肚子里要塞满五谷，这样人们鞭打春牛的时候，五谷就会流淌出来，预示着五谷丰登。

随着时代的发展，在“打春牛”的同时，又衍生出了“戴春”“咬春”等民间习俗。“戴春”是指立春时节，人们要头戴或穿戴一些特别的配饰的习俗。至于具体用什么配饰，各地就有比较大的差异了。比如在河南，流行给小孩“戴春鸡”，也就是把用布制作的公鸡饰品戴在小孩的头上。因为鸡与“吉”谐音，所以“戴春鸡”有祈求新春吉祥的意思。而在陕西的一些地方，则流行“戴春燕”，也就是用彩绸缝成燕子，然后戴在胸前。燕子是候鸟，每年春季飞回北方，被人们认为是报春的使者，也有着吉祥如意的意思。

而“咬春”主要是立春时节一些特定的饮食习俗，比较常见的有春饼和春卷两类，具体的做法依各地风俗物产不同而有所区别。基本上说，春饼就是用一张小薄饼将各种时令的蔬菜，比如菠菜、韭菜、豆芽、萝卜等等，卷起来蘸酱吃；而春卷更复杂一点，要将时令蔬菜卷起后再油炸至金黄色食用。不论具体做法，咬春这种习俗其实跟古老的尝新、荐新习俗是有一定联系的。春天万物复苏，一些蔬菜开始长出嫩芽，所以春季会有尝新，也就是食用新鲜农作物的仪式，这也是古人祈求丰收仪式的一种。

立春是二十四节气中的第一个节气，也是春季的开始。“一年之计在于春，一生之计在于勤”，诸多的习俗，都是勤劳的中国人对丰收的一种祈盼。

雨水

雨水未必下雨，而客家人却有种习俗，看似奇怪实则温馨

雨水，是二十四节气中的第二个节气。每年公历的 2 月 18 日至 20 日前后，太阳达到黄经 330 度的时候，就到了雨水节气。雨水节气其实是一个表示降雨量的节气，《月令七十二候集解》中写道：“正月中，天一生水。春始属木，然生木者必水也，故立春后继之雨水。且东风既解冻，则散而为雨矣。”“东风解冻”是立春节气的第一候，古人认为春季在五行中属木，而水生木，所以立春之后就要有雨水的浇灌。“东风解冻”之后就“散而为雨”，这是古人对降雨形成的一种朴素认识。其实二十四节气中有许多这种朴素的自然观念，比如立冬的三候中有“雉入大水为蜃”，就是说立冬之后候鸟南迁不见了，水中出现大蛤蜊，古人就认为这是雉（鸟）跑

好雨知时节，当春乃发生。

随风潜入夜，润物细无声。

——唐·杜甫

到水里变成了蜃（大蛤蜊）。按我们现代人的自然科学知识来看，古人这些观念无疑是粗糙的，但其实这背后蕴含的是古人的一种万物循环往复、生生不息，以及人与自然和谐相处的理念。我想这种理念是现代人应该继承下来的。

雨水的三候

二十四节气中的每一个节气都有三候，雨水的三候是“**一候獭祭鱼；二候雁北归；三候草木萌动**”。

“一候獭祭鱼”，讲的是随着冰雪初融，河流解冻，水中的游鱼开始浮出水面，而以捕鱼为生的水獭也开始出来捕猎了。有意思的是，古人们观察到这个时节的水獭有一个有趣的习惯，就是它们在捕获鱼类之后，有时并不在水中食用，而是选择把猎物带上岸来并排地摆在岸边，就好像人类摆放祭品一样，所以就有了“獭祭鱼”的说法。而这种摆放得整整齐齐的习惯，后来也被文人们引申为罗列故事，堆积成文。比如唐代诗人李商隐，因为行文多喜欢罗列史实材料，就被时人比作“獭祭鱼”。

“二候雁北归，三候草木萌动”，这两候比较好理解了。候鸟对季节的变化是最为敏感的，雨水是初春时节，已经有候鸟开始北归了。而在黄河中下游地区，也已经开始有草木萌芽的迹象。这都是春天来临的征兆。

另外，看到雨水这个节气名称，许多人可能会认为这时应该下雨，但实际上未必如此。我国幅员辽阔，南北方气候差别极大，比如在南方一些地区会有“雨水有雨庄稼好，大春小春一片宝”的民谚，而在我国北方大部分地区，根据历年的气象资料统计，雨水节气前后反倒是降雪最多的时候。

雨水的民俗

雨水生万物，所以在雨水节气前后，在我国很多地方也流行着一些与生长有关的习俗。这里面既有关于农作物的生长，也有关于人的生长。各地的习俗又有不同，而有些习俗在今天看来似乎有些奇怪，但如果放到中国古代社会，尤其是乡村社会的背景里看，其实也很好理解，很有生活气息。

比如在客家地区（赣南、闽西、两广），普遍流行着一种“撞拜寄”的习俗。什么叫“拜寄”呢？这实际上是流传很久的一种风俗，就是认干亲。现在我们理解的“认干爹”，往往是倾向于在个人发展层面希望得到他人的帮助。但在古代社会要朴素得多，因为古代生活条件不好，对普通人家来说，能把一个孩子平安养大是一件挺不容易的事。所以就产生出借助各方力量的想法，这就是拜寄行为的基本动机。这里的各方力量，主要是乡里乡亲，但有时也会涉及超自然的力量，比如拜寄一块大石、一棵大树，这其实算是原始的万物有灵观念以及自然崇拜观念的一种遗存。此外，还有的地方会选择将孩子拜寄给某些宗教人士，比如和尚、道士之类，以借助宗教的力量保佑孩子平安长大。

那么拜寄为什么要“撞”呢？这主要是因为客家地区的雨水拜寄活动是随机的。一般在雨水节气的清晨，母亲就会牵着孩子等候在村子的路口，然后等待着见到的第一个人，就会上去认干亲，这就是所谓的“撞”了。一般来说，被“撞”到的人也不会拒绝，会在行礼之后给孩子取个名字、送点小礼物之类的，之后两家会像正常的亲戚那样往来。对今天在城市中长大的人来说，这种习俗可能很难理解，毕竟随便碰到的人可靠吗？但实际上，古代的客家人一般都生活在村落、土楼里，生活环境相当封闭。在村口随机碰到的人，其实一般也都是相识的同村人，最远也不过是邻近村落的人，真正碰到完全陌生的外来人的机会是很少的。

除了撞拜寄，在四川地区还有妇女在雨水这天回娘家的习俗，由此还衍生出一个习俗叫作“接寿”，指陪媳妇回娘家的女婿，这个时候要给娘家的岳父岳母带些礼物，比如缠着红线的椅子，再比如炖制的“罐罐肉”，这些礼物都是为了祝愿岳父岳母健康长寿。而如果是新女婿上门，传统上岳父岳母还要送一把雨伞作为回礼，让女婿在外面打拼时能遮风挡雨，表达了平平安安的意思。

除了子女的成长、父母的健康，古代社会人们最为关注的应该就是农作物的收成了。农业的收成除了需要农民辛勤的劳动之外，很多时候还要靠老天爷的保佑。所以在中国古代，存在着很多“占卜”丰歉的习俗。比如在南方的稻作地区，就流行着雨水“占稻色”的习俗。所谓占稻色，就是在雨水节气前后，把稻米（有的地方是用糯米）放到锅中爆炒，做成爆米花，然后观察爆出的白色米花的数量，数量越多越吉祥。

惊蛰

万物复苏、昆虫出洞，关于惊蛰你了解多少？

伴随着新年的第一声春雷，二十四节气中的惊蛰已走到了我们面前。惊蛰是二十四节气中的第三个节气，也是仲春时节的开始。陶潜有诗曰：“仲春遘时雨，始雷发东隅。”伴随着阵阵春雷，经历了早春的懵懂，仲春时节，这春意也渐渐浓了起来。

惊蛰的气候

惊蛰，古时候最早叫作“启蛰”，后来到汉朝的时候为了避汉景帝刘启的讳而改为惊蛰，唐朝的时候曾有短暂的恢复，但之后就以“惊蛰”一直

杏花村酒寄千程，佳果满前莫问名。

惊蛰未闻雷出地，丰收有望看春耕。

——吴藕汀

沿用至今。惊蛰节气一般在每年公历的3月6日左右，太阳达到黄经345度时开始。《月令七十二候集解》里面解释说：**“万物出乎震，震为雷，故曰惊蛰，是蛰虫惊而出走矣。”**春雷一响，沉眠在土里的虫子都醒了过来，所以这个节气叫作惊蛰。当然，我们知道这个说法只是古人对自然现象的描述，虫子自然是听不见雷声的，它们之所以醒来是温度变化的原因。

古人将二十四节气中的每一个节气都分为三候，用来更准确地描述节气的气候特征。惊蛰的三候是：**“一候桃始华；二候仓庚鸣；三候鹰化为鸠。”**“桃始华”，便是桃花盛开的意思；“仓庚”，就是我们常说的黄鹂鸟。这个“鹰化为鸠”比较有意思，鸠就是布谷鸟。古语有：**“仲春之时，林木茂盛，口啄尚柔，不能捕鸟，瞪目忍饥，如痴而化，故名曰鸤鸠。”**说的就是这种鸟。仲春之时，天空尚不见飞翔的雄鹰，只看到鸣叫的布谷鸟，在古人的观念里，就好像是鹰变成了布谷鸟一样。七十二候中有很多这样的表述，比如**“腐草为萤”**（大暑）、**“雀入大水为蛤”**（寒露）等等。其实这也反映了古人对世间万物变化消长的一种朴素认识。

惊蛰与百虫

“蛰虫惊而出走”，惊蛰，是一个和百虫相关的节气。当然，我国幅员辽阔，说“惊蛰前后，初雷滚滚，百虫复苏”，这实际上只是相对靠南的长江流域的情况。而在二十四节气的发源地黄河流域，相似的情况可能要再晚上一些。但二十四节气的影响是巨大的，不管这一天是不是打雷，有没有虫子惊醒，我国很多地方在惊蛰前后，都形成了一些和百虫有关的习俗。当然，不管是传播疾病还是啃食庄稼，虫子对古代的人们来说大都不是什么好东西。所以，惊蛰的习俗也多和驱虫、杀虫有关。

比如在江苏的邗江一带，有个照蚊虫的习俗。在惊蛰这天的晚上，当地人要点燃春节祭祀的时候留下的红蜡烛，然后拿着在屋里、院子里到处探照，还要念念有词，比如“**惊蛰照蚊虫，一照影无踪**”云云，据说这样可以驱走蚊虫。然后，当地人还会把送灶王爷时留下的糯米加糖炒成饭吃掉，叫作“炒虫儿”，就好像把虫子吃掉了一样。

在江西、广西的一些地方，当地人有用撒石灰的方式进行驱虫的习俗，墙根屋角都要撒遍，据说这是唐代药王孙思邈的遗泽。有的地方还要把住宅周围全都撒上石灰，还要撒出一把弓的形状，这可能是远古某种巫术的遗存吧。而在湖南的醴陵地区，当地人有惊蛰时节在屋里放鞭炮的习俗，叫作“爆惊蛰”，有吓跑虫子的意思。

而在湖北的天门、孝感等一些地方，不只是虫子，连田里的青蛙也要打，当地人叫作“打虾蟆”或“赶虾蟆”。民国时候的《天门县志》记载：“**惊蛰节晚，儿童辈敲锣鼓、木梆歌唱，谓之赶虾蟆。**”小孩子们敲锣打鼓，田里的青蛙可就遭了殃。

有些读者可能就觉得奇怪了，青蛙是吃虫子的啊，为什么要打青蛙呢？这个原因有两种说法。一种说法是光绪八年的《孝感县志》里记载：“**近水家以荆条击池陂水际，曰‘惊蛰打虾蟆，一打就哑’，盖恶其聒噪也。**”因为蛙鸣太吵而打青蛙，这也太霸道了。另一种说法比较靠谱，光绪年间湖南《耒阳县志》载：“**惊蛰喜寒，不闻蛙鸣则秧种不坏。**”也就是说，惊蛰时节的气候稍微寒冷一些，对农业生产是有好处的，而青蛙只有在天气比较暖的时候才开始鸣叫。所以，如果惊蛰时节青蛙开始鸣叫，那往往预示着一个不好的收成了。

惊蛰话雷神

《周礼》云：“**惊蛰……蛰虫始闻雷声而动。**”可见惊蛰这一节气，与打雷有着密不可分的关系。而古人也自然地在隆隆雷声的“熏陶”下，构建出了雷神的形象，这种对自然现象的神化，也是远古时期很多民族都有的一种普遍现象了。惊蛰始于雷，所以在古代的民间，在惊蛰前后也有很多祭祀雷神的民俗活动，比如贴上雷神的画像，摆上供品，以及去雷神庙里上香祷告，等等。

说到这个雷神，或者叫雷公吧，这个神灵的形象从古到今还是经历了挺大的变化的。最早的雷神的形象，是“龙身人头”的。有种说法认为，中国先民构建的这个龙的形象，和雷的声音就有一定的关系，所以最早的雷神有个龙的身子也并不奇怪了。

大约到了汉代以后，雷神才逐渐地人格化了。东汉王充的《论衡》里记载，当时的人们在给雷神画像的时候，一般都是画成一个大汉的形象，一手拿着连鼓，一手拿着上方下尖的锥子。当时的人认为，那个轰隆隆的雷声，就是雷公用连鼓发出的；而比较尖利的雷声，则是雷公挥锥的声音。当壮士奋力挥锥，这雷公可谓是“爆裂鼓手”了。这个雷公的形象流传时间很长，唐代敦煌石窟里的雷公形象，大概就是这个样子。再到了后来，大概明清时期，雷公的形象又有了变化，变成一个长着鸟嘴肉翅、手持斧凿的形象。

中国的古人在构建神灵形象的时候，总是喜欢把世俗生活中一些美好的东西加入其中。比如大家都认为要夫妻和睦，于是古人们就给很多神安排了“对象”：看着西王母很孤单，就造了个东王公给她；看着雷公没人陪，于是设计了电母。电母的形象在典籍中的出现，比雷公要晚得多。《宋史》中说当时的仪仗队里有“雷公电母旗”，到了《元史》里才说得比较清楚：电母旗上的电母，是一个身着绣衣、朱裙、白裤，两手运光的巾帼英雄形象。

春雷隆隆，惊醒的可不只是地里的虫子。依农时而论，惊蛰也标志着春播的开始，耕作的农民也要忙起来了。而对我们每一个工作、学习的普通人来说，寒冷而蛰伏的冬季已经过去，伴随着阵阵春雷，大家也该打起精神好好生活了！

春分

竖鸡蛋能带来好运？春分还有哪些特殊的习俗？

春分，是二十四节气中的第四个节气，每年公历的3月19日至22日，太阳达到黄经0度，就是春分节气了。春分这天太阳直射赤道，全球几乎都是昼夜等长的。而过了春分之后，对北半球来说白天就开始长过黑夜了，一直到夏至日白昼达到最长。远古的先民最初是没有很清晰的时间概念的。昼夜长短的变化，这是先民在日常生活中最容易观察到的时间现象之一。白天最长的一天、黑夜最长的一天以及昼夜等分的日子，这些关键的时间节点自然也就成了先民们最早注意到的日子，于是就有了二分二至的概念。所以春分也是二十四节气中最早确立下来的节气之一。汉代哲学家董仲舒的《春秋繁露》中即记载：**“春分者，阴阳相半也，故昼夜均而寒暑平。”**古人用阴阳观念来解释世间万物的变化，昼夜平分就被解释为阴阳相半了。

春分的三候

春分的三候是：**“一候玄鸟至；二候雷乃发声；三候始电”**。

候鸟的迁移是古人最容易观察到的随季节变化产生的自然现象之一。所以在二十四节气对应的七十二候里，有很多与候鸟活动相关的表述，比如雨水节气的“雁北归”，再比如春分的“玄鸟至”。玄鸟就是燕子，是典型的候鸟。古人认为燕子春分时迁到北方，秋分时迁到南方，故以此来作为春分的标记。

“二候雷乃发生，三候始电”，这是描述春分时节的自然现象。古人以阴阳解释万物，雷和闪电都被认为是阳气的一种表现。春分是“阴阳相半”，

雪入春分省见稀，半开桃李不胜威。

应惭落地梅花识，却作漫天柳絮飞。

——宋·苏轼

那春分节气之后，天地间的阳气就开始压倒阴气占据优势，于是天空中开始出现闪电，在阴阳的摩擦中也开始产生雷声。

春分的民俗

春分作为四时八节之一，在古代中国不论是出于指导农业生产，还是单纯出于阴阳观念，都是非常重要的时间节点。同时春分也是二十四节气中历史最悠久的节气之一，所以历史上的春分时节有非常多的习俗，这其中有个别习俗还一直延续到了今天。

古代春分日是重要的祭祀时间点，春分日要祭祀太阳，这是从西周时期就流传下来的官方礼仪。清代文人笔记《帝京岁时纪胜》中记载：“**春分祭日，秋分祭月，乃国之大典。**”现在北京朝阳门外东南还有一个公园叫作日坛，这实际上就是明清两朝举行祭日典礼的地方。古代的二分二至都有官方的祭祀，分别对应着日月天地，现在北京的日坛、月坛、天坛、地坛等公园，就是当时官方祭祀的场所。

官方的春分祭日主要是祈祷国泰民安、风调雨顺。但实际上对太阳的崇拜和祭祀历史非常悠久，在民间也普遍存在。比如早年北京人就有用一种叫作“太阳糕”的点心祭祀太阳的传统。这太阳糕五个一层，用大米面和白糖做成，一般是圆形，上面往往还有金鸡的图案，这或许跟远古太阳信仰中金乌的传说有一定关系。

除了祭祀太阳之外，民间在春分日还有祭祖的习俗。祭祖活动除了请求祖先保佑风调雨顺之外，在客家的一些地区，还有给“新丁”取名的传统。也就是在春分日祭祖的时候，父母把家族里当年出生的男婴抱到祖先面前，由族长给取名字。

除了各种祭祀，春分时节还有一些饮食方面的习俗。比如在很多地方都流行春分“吃春菜”的习俗。这里的春菜，其实并不是某种特定的蔬菜，而是这个时节能采到的一系列绿色蔬菜的统称。所以具体到某个地方，吃什么样的春菜也是由当地的物产情况决定的。但不管吃哪种菜，这类“吃春”“咬春”的习俗，都蕴含着对健康、丰收的美好祈愿。

除了吃春菜，在我国的很多地方也有春分前后酿酒的习俗。比如在浙江，据《於潜县志》记载，当地就有酿造“春分酒”的习俗，这种酒“色赤，味经久不坏”。而在陕西陵川，人们除了在春分日酿酒，还要用酒来祭祀先农。

祭祀也好，饮食也罢，这些习俗在今天其实都已经比较少见，或许在偏远农村还有遗存。但还有一种有趣的春分习俗至今依然流行，甚至已经通过互联网漂洋过海，演变成了一种世界性的游戏，这种习俗就是春分“竖蛋”。

竖蛋的习俗据说已经有4000多年的历史了。具体的做法就是在春分日这一天选一个形状比较光滑匀称的鸡蛋，轻轻地放在桌面上，如果能立住就算是成功。竖蛋的游戏蕴含着人们乞求吉祥、庆祝春天来临的意愿。至于中国古人为什么会选择竖蛋这种形式呢？这个说法就比较多了，有一种观点认为这与中国古人的阴阳观念有关。春分是“阴阳相半，昼夜均而寒暑平”的日子，中国古人就认为这是一种阴阳平衡的表现，非常吉祥。为了庆祝这种阴阳平衡的吉祥日子，古人发明了竖蛋这种仪式。这些年也有人尝试着用现代科学的工具来解释这种民俗现象。有一种说法认为，春分这一天呈66.5度倾斜的地球地轴与地球围绕太阳公转的轨道平面，处于一种力的相对平衡状态，所以鸡蛋才可能竖起来。

清明

除了作为节日，作为节气的清明你了解吗？

每年公历 4 月 5 日前后，是我国的传统节日清明节。说到清明节，今天的人们往往都会想到这是一个重要的传统节日，但其实清明节是有两个维度的含义。首先第一个含义，清明是一个节气，就是我们传统的二十四节气之一，这是它最早的一个含义。然后才是我们现在大家比较熟悉的，作为一个节日的清明节。作为节日的清明，我们会在后面的春季的传统节日篇中跟大家分享，在这里咱们先来聊一聊，如今已经被很多人遗忘的，作为节气的清明。

作为节气的清明

清明是春季的第五个节气，字面的意思便是形容春风清洁明净，这也是清明最初的一个含义。

清明作为节气被最终确立的时间，差不多是在汉代。它的三候分别是：**“一候桐始华；二候田鼠化为鴽（rú）；三候虹始见。”**桐是白桐，“桐始华”意思是白桐开花。“田鼠化为鴽”中的鴽，实际上是一种长得像鹌鹑的小鸟，这一候实际上体现了古人的一种阴阳以及生命轮回的观念。田鼠藏在地下，所以它是性阴，鴽这种鸟在天上飞，所以它性阳，这种转化其实也体现了春季阴气逐渐下降，阳气逐渐上升这样的一种观念。类似的表述在七十二候里面还有很多，比如寒露的三候中就有“雀入大水为蛤”，这种表述也体现了古人的一种生命轮回的观念，就是古人发现一种动物不见了，然后他会去想，它去哪儿了呢？同时他会发现另外一种动物出现了，于是

清明上巳西湖好，满目繁华。争道谁家。

绿柳朱轮走钿车。游人日暮相将去，醒醉喧哗。

——宋·欧阳修

古人就会把这两者联系起来，认为这是一种生命的轮回。“三候虹始见”，说的是天上开始出现雨后的彩虹，这实际上是清明前后降水开始增多的一种表现。当然在古人的那个阴阳观念里，虹是阴阳交感的一种表现，实际上也是体现了在春季这个时候阴气下降、阳气向上升，阴阳二气在空中交汇出现的这样一种自然现象，这是古人的一种解读。

谚语中的清明

今天的人提到清明节，首先想到的估计还是扫墓，也有些朋友可能知道踏青、放风筝等习俗，但这些节日的元素，实际上都是清明节在发展的过程中，逐步地融合了前后的上巳节、寒食节而得来的。而作为最初的清明节气，可能我们更多地还要回到农谚中去寻找。

清明可能是谚语最多的节气之一了。首先就是各种描述清明前后气候变化的谚语，比如比较著名的：“清明断雪，谷雨断霜。”这个谚语是什么意思呢？如果按字面的意思去猜，我们可能会理解为：清明以后就不再下雪了，谷雨之后就不再下霜了。但实际上从现在的气象统计来看，即便是在二十四节气起源的黄河中下游地区，这个说法也不大对。比如 2013 年的时候，都到了谷雨时节，山东、河北还下了大雪。那这是谚语错了吗？其实也不是。据气象专家宋英杰老师的解释，这里的“断雪、断霜”，指的是积雪和霜冻。就黄河中下游地区来说，一般最晚过了清明，就不会有积雪了，而过了谷雨，也就不会有霜冻。这么来理解的话，就比较符合气象统计的信息了。而且考虑到指导农业生产的作用，清明、谷雨时节，正是春播繁忙的时候，这个时候的农业生产是非常害怕积雪和霜冻的。所以古人把积雪和霜冻的最晚日子确定下来，对指导生产还是非常有用的。

其次说到农业生产，各地的气候不同、作物不同，所以在同一个时间里，大家对气候的期盼其实也就不大一样。有的地方希望雨水充足，比如有谚语“清明无雨旱三月”；但有的地方就很怕清明下雨，所以有“清明日雨百果损”。若是这么看的话，老天爷也真是挺难办的。不过清明最明显的气候特征可能还是各种大风了吧。有关这方面的谚语也非常多，老百姓会感慨“清明北风当年旱”“清明怪风，伏里怪雨”“清明风若从南起，定主田禾大欢喜”。而文人们就文雅一些，比如有“一天柳絮东风恶”“卷絮风头寒欲尽”等等。当然，作为指导农业生产的二十四节气之一，最多的还是各种农事活动的谚语，比如“**清明草、羊吃饱**”“**清明前后麦怀胎，谷雨前后麦见芒**”等等。

关于清明，可以讲的东西还有很多。可能最让人好奇的便是，这么一个自然节气，是怎么变成现在的清明节的呢？这个说起来可就相当长了，咱们还是留到节日篇再说吧。

谷雨

谷雨也是情人节？这些奇妙民俗你或许没听过

谷雨是我国传统的二十四节气中第六个节气，一般在公历 4 月 20 日前后。谷雨也是春季的最后一个节气，谷雨之后意味着春天的结束。谷雨有三候：“**一候萍始生；二候鸣鸠拂其羽；三候戴胜降于桑。**”浮萍开始出现，布谷鸟羽毛逐渐丰满，戴胜鸟也落在了桑树上面，这些物候提醒着人们气候的变化，以及农桑时令的到来。

农谚云：“谷雨前后，种瓜点豆。”说明在农业区，这个时候是播种的大好时节。在长久的农业生产实践中，也形成了有农业特色的传统民俗，比如，为了驱赶农田中的病虫害而进行的贴“蝎子符”活动。在东部沿海以渔业为主的地区，也有着“鱼鸟不失信”“谷雨百鱼上岸”的俗语。故谷雨这一天，也是渔业地区开海捕鱼的日子，有着祭祀海神的传统民俗。而在侗族、壮族等少数民族地区，还有着更具民族特色的谷雨节俗。不同的生产与生活环境，孕育着不同的民俗习惯，体现了民俗的地域性特质。

谷雨的民俗

在我国北方一些农耕地区，有着“蝎勾灾”的俗谚，认为蝎子除了能够伤人之外，还能带来各种灾祸。谷雨时期是春耕的重要时段，病虫害是传统农业耕作的大敌。在农民与病虫害的不断斗争中，除了发展出各种除虫的“物理手段”之外，自然也会产生一些“精神攻击”的方法。长相邪恶丑陋的蝎子，在这个时候就成了各类虫害的代表。在北方民间也就产生了针对蝎子的一些“手段”，贴“蝎子符”是其中比较典型的一种。

谷雨春光晓，山川黛色青。

桑间鸣戴胜，泽水长浮萍。

——唐•元稹

“蝎子符”是一种纸符，一般用黄纸做材料，上面还写着“咒语”。据说，这种符要用谷雨这天早上太阳出来之前收取的草上露水磨墨书写才有效果，但在今天估计是没有这种讲究了。“咒语”的具体内容也是多种多样，但大意都差不多，如“谷雨三月半，蝎子来上案；拿起切菜刀，斩断蝎子腰”“谷雨日，谷雨晨，奉请谷雨大将军；茶三盏，酒三巡，送蝎千里化为尘”等等。也有的地方还会画上各种图案，如“张天师持剑降魔”“太上老君斩蝎除魔”之类的。

除了单纯的“蝎子符”之外，还有一些类似的民俗活动。比如：在黄表上画上蝎子、蜈蚣等毒虫和一把剑，去野外取一些露水用白矾蘸着擦刀，再把锈水滴到黄表上，然后在黄表上写上“谷雨三月中，蝎子到门庭。手执七星剑，斩断蝎子精”等文字，据说也可以避免毒虫。

“蝎子符”在有些地方也叫作“谷雨帖”，也是用类似的黄纸，分上下两部分，在上部分写上如“谷雨洋洋，日出东方，宝剑一斩，五毒俱亡”，在下部分画两把交叉的宝剑，与“蝎子符”也是类似的意思。

渔业地区在谷雨的祭海神活动

渔业是我国沿海地区历史非常悠久的一个行业，也是广义农业的一个重要组成部分。出海捕鱼，风鸣雨晦浊浪滔滔，在今天都是有一定危险性的活动，何况是生产力落后的古代。在漫长的与自然搏斗的时光中，先民们除了发展出高超的捕鱼和航海技术，自然也会产生一些对海洋的神灵崇拜以及相应的祭祀活动。而谷雨前后，由于气候变暖而鱼类洄游，正是出海的好时候，自然也是祭祀海神的重要时刻。

我国海岸线绵长，不同地区有着不同的祭祀风俗。但一般来说沿海的祭祀可以大致分为两类：一类是对海洋神灵的祭祀，如东南沿海的妈祖祭祀，这种祭祀更侧重于对神灵本身的崇拜；另一类更关注于海神所保佑的生产活动顺利进行，如来去平安、收获丰足等等。而谷雨出海的祭祀当然是属于后者。

传统的出海祭祀中，“祭祀”的氛围更为浓厚，一般祭祀的过程主要是祭海活动、祭船活动、祭海神活动等等。而近代以来，这种祭祀活动有着向节日演变的趋势：神味儿越来越淡，而人味儿越来越浓了。

祭祀活动基本上分为三天，大致从4月18日持续到4月20日谷雨当天。

第一天主要是准备供品，主要是整猪和饽饽。整猪要被仔细地装饰，而饽饽是一个圆形分为三块，每块上面有三颗大红枣，代表敬天敬地敬父母，一共有九颗，代表完满。一般是同属一条渔船的渔民共同准备一份祭品，而条件不太好的家庭也有用猪头代替整猪的。第二天就是正式祭祀的日子。渔民会起得很早，穿戴整齐，然后带着供品，结伴来到庙前，燃放鞭炮，烧香磕头，虔诚跪拜，祈求平安。祭祀活动在下午达到高潮。第三天主要是宴饮。

近些年地方政府也开始将祭海当作海洋文化的一部分加以推广，所以也有了一些官方性质的祭海活动，使得传统的祭祀越来越像是一个节日了。比如威海荣成的国际渔民节，每三年举办一次，除了传统的祭祀、划船等活动之外，还有本地土特产展览和商务会谈，还有一系列灯展、画展、文艺晚会等活动。

侗寨的谷雨节，属于青年男女的好日子

在贵州黎平县的肇兴侗寨，谷雨节可以说是寨子里最浪漫的一天了。因为这一天，是侗寨的青年男女们表达爱意的日子，可以说是当地的情人节了。

对于尚未确定恋爱关系的男女来说，谷雨节是表白的大日子。而且，这表白的方式还带着点“惊险刺激”。谷雨节入夜以后，侗寨的小伙儿要

偷偷地潜到心仪的姑娘家里，将装好糖果的卣卣（yǒu，当地一种竹编的篓子）放到堂屋里。姑娘要是也有这方面意思，就把卣卣里的糖拿出来，放上当地特产的乌米饭和其他吃食。然后呢，惊险刺激的一幕来了——小伙儿要摸黑进去拿走卣卣，而姑娘们则要抄起早已准备好的“锅烟灰”，涂到小伙儿脸上，用来辨认是谁在暗恋着自己。这个活动，当地人叫作“摸你黑”，也叫“打花脸”。

而对于已经订婚的青年男女来说，谷雨节这一天也是续亲的大日子。这天一大早，订婚的男方家里就要由姐姐、妹妹等人挑着一担一担的乌米饭和酒肉，送到女方家里，作为续亲的礼物。乌米饭是用野生的乌树叶敲打捶烂，将过滤出来的汁液浸泡糯米后，再用木桶蒸制而成，味道香甜而独特。这些乌米饭除了女方家里留下少量之外，大部分是要由女方家里分给亲戚邻居们的，有点像我们常见的喜糖的作用。收到的乌米饭越多，对女方来说当然也是一件非常有面子的事。

据当地的《黎平府志》记载，侗寨的谷雨节习俗始见于明万历年间，距今有 400 多年了。不过，近年来随着侗寨的逐渐开放，谷雨节习俗也发生了一些变化。比如“摸你黑”这种活动，现在已经越来越有狂欢节的性质了。不只是互有好感的青年男女，所有人都能参与。以至于到最后走在寨子里，不管是小路上还是河边上，认识的还是不认识的，大家都会互相“摸黑”，热闹非常。

壮族的火棍舞与谷雨节的祖先传说

说完了西南的贵州，让我们再把视角转向东南的广西。在壮族的发祥地，广西百色市田阳县及附近的巴马县，有着谷雨节跳火棍舞的习俗。

火棍舞，在当地也叫火神舞，是一种有着原始巫术色彩的祈祷仪式。过去，遇到大旱年景，在谷雨的时候村里的长老就会请师公、魔公来跳这种火棍舞，主要是为了求雨，乞求五谷丰登。

火棍舞的形式也有点原始巫术的色彩，由六到八人完成，神秘感十足。跳舞的师公、魔公要穿上专门的用芭蕉叶做的“衣服”，叶子撕成两片，一片围在脖子上，一片围在腰间。跳舞之前，先把木棍放在火堆里，烧到三分之二的长度，只留三分之一用来握持。开始跳舞之后，大家先是围着火堆边跳边转圈，慢慢靠近火堆，然后尝试抽出火棍。因火棍烫手，所以马上又放下，继续转圈，往复三次才把火棍取出。

火棍取出后，队形就由圆形变成两排，隔火相望，开始对打。对打也是仪式感十足：一排人跳过火堆，用火棍击打对面一排，另一排人举起火棍格挡，然后如此反复多次。对打的过程中火星四溅，呼声震天，非常壮观。同时，协助仪式的人也要把火堆里的炭火扬到天上，星星点点的炭火落到哪里，对打的两排人就要移动到哪里。

可以想见，这种火棍舞是有一定的危险性的，操作不当很容易烧伤。同时由于其形式比较原始，现在会的人已经越来越少了。另外，据当地的老人说，这个仪式表面上是为了求雨，其实起源于当地的民间传说，与纪念壮族祖先有关。在壮族的史诗《布洛陀》里有这样的情节：壮族的始祖布洛陀的儿子甘歌去山上造火，甘歌用钻木取火的方式，好不容易为族人带来了火种，但由于当时的人们缺乏防火意识，甘歌带来的火种引发了寨子里的大火，寨子损失惨重，甘歌本人也葬身火海。

甘歌被烧死的那天相传正是谷雨节，于是后来的壮族人为了纪念这位为族人带来火种的祖先，就将他封为火灶神，并在谷雨这一天进行火棍舞的仪式。

谷雨祭仓颉

离开东南的广西，让我们再把目光投向西北。在陕西省的白水县，谷雨这天是人们祭祀仓颉庙的日子。仓颉相传是黄帝时期的左史官（据《说文解字》），他观察鸟兽的足迹，创造了我国最早的文字，使得远古人类的文明程度迈进了一大步。在白水县流传着一个传说，据说仓颉造字的功劳感天动地，上天就赐给了人间一场谷子雨，然后这一天也就叫作谷雨了。这一传说看起来无稽，但历史可能相当久远，因为在西汉初期的典籍《淮南子》里，就有“**昔者仓颉作书，而天雨粟**”的记载。这么算起来，这个传说最少有两千多年的历史了。

当地居民在谷雨这天祭祀仓颉庙，久而久之影响越来越大，逐渐发展成辐射周边很多地方的大型庙会。庙会开始之前几天，当地的村民组织就开始各种准备工作了。仓颉庙上上下下都要打扫一新，门口还要悬挂对联，比如“**四目明千秋大义，六书启万世维言**”云云。

庙会当天，锣鼓喧天鞭炮齐鸣，红旗招展人山人海，自不必说。仓颉庙前支起巨大的万民伞，24 根护庙棍排列两行，在 5 张楠木桌上摆上香器、祭器、香表纸炮和猪羊花馍供物。仪式之后，各地信众陆续进庙呈上供品，参拜仓颉。有些信众还会吟唱歌颂仓颉的歌，有一首是这么唱的：“**昔年创文字，以存利，大哉仓圣，何巍巍；启文明，伟功居然垂宇宙，以存世，万古沾泽。**”

所谓“十里不同风，百里不同俗”，更何况我们这样一个幅员辽阔的国家呢？传统上来说，谷雨是一个和农业相关的节气，但在很多地方，因为不同的自然和社会环境，自然产生了各种不同的过法。这也是文化多样性的一种体现。

春季的传统节日

两千年前的春节什么样？春节的传说，另有深意

爆竹声中一岁除，春风送暖入屠苏。

千门万户曈曈日，总把新桃换旧符。

——宋•王安石

在中华民族绚丽多彩的诸多节日中，如果要选择最重要、最具代表性的一个，那无疑是春节了。春节自古有百节之首的说法，但将农历正月初一称为春节，这个做法的历史却是不长。在中国古代，农历的正月初一一般有元旦、正旦、元日等称呼。一直到“中华民国”成立之后，为了迎合当时世界的形势，也宣布中国采用公历，于是元旦这个称呼就被指派给了公历的一月一日，然后又造了“春节”这个词，用来称呼原来农历的正月初一。当然春节这个词在古代也是有的，不过古人一般用这个词指代立春，也有的是指整个春季。不管名字叫什么，农历正月初一，作为新的一年的开始，还是有着悠久的历史的。在漫长的岁月中，关于春节也产生了大量的传说故事。这些传说故事，在今天看来或许荒诞不经，但其实也是保留着先民们大量的情感记忆的。它们就仿佛一封来自久远过去的信件，记载着在这片土地上我们的先民们曾如此这般地生活过。

回到汉代过春节

关于春节的起源，最早可以追溯到人类社会的早期。先民们在观察自然的过程中，逐步地产生了原始的时间观念。先民们发现周围的自然物候的变化是有一定的周期性的，什么时间出现什么现象有一定的规律，于是就产生了早期的岁时的概念。一岁的结束到新一岁的开始，这个转换的时间节点，无疑有着特殊的意义，需要有特别的仪式来进行表达，这应该就是所谓的“过年”的滥觞了。

后来随着先民们的社会组织结构越来越复杂，有了国家以及相应的政治制度，所谓岁首这个问题，逐渐地就不再只是一个自然现象的问题，而是加入了大量的政治意味。从夏商周三代开始，每次改朝换代都要改元易服、重置岁首：夏历是以农历一月为岁首，之后每个朝代都提前一个月，殷商是十二月，周是十一月，到秦便成了十月。这些朝代在各自的岁首时节，当然也是有相应的纪念仪式的，但时间其实并不固定。刘邦建立西汉以后，并没有及时地去改元，一直到汉武帝时期令落下闳等人修订了《太初历》，才决定重新把岁首定在农历一月一日，并且一直持续到今天。所以严格来说，今天作为传统节日的春节，是从汉代开始的。

在汉代，春节有正旦、正日、元日等不同的称呼。汉代的官方非常重视春节，有许多的大型活动，下面就给大家介绍一下。

• 傩戏与驱邪

春节是新的一年的开始，在这个新旧交替的关键时刻，从官方到民间都有一些驱邪的活动，希望把坏运气留在旧岁，在新的一年里能有好运气到来。汉代的官方会在春节前的腊日，举办大型傩戏，以求驱除疫病。傩戏的场面非常盛大，据《后汉书·礼仪志》记载，当时的傩戏要用 120 名穿皂服的少年，手持大鼗（táo，即拨浪鼓）；有戴面具、披熊皮的方相（即由人扮演的驱疫辟邪的神），也有人扮作各类异兽，最后由骑兵驱赶代表疫病的造像并将它们扔到洛水里烧掉。总之场面非常隆重。

这种大傩戏是古代一种重要的祈福祭祀典礼，从商周时期一直延续到后世。至今在我国民间的一些地方还有留存，逢年过节还会有表演，已经是一个重要的非遗保护项目了。

• 大朝会

春节是新年的开始，在古人的观念里，这个辞旧迎新的时刻当然是要好好地庆祝的，所以类似“贺新年”性质的节日集会在我国有着非常悠久的历史。尤其是汉武帝实行太初历以后，春节正式和冬至分割开来，成了一个独立的节日之后，庆祝活动就更加隆重了。

汉代春节当天，汉庭要举行大型的朝会活动，称为“正旦大会”，文武百官都要在朝会上向天子贺礼。正旦大会的地点，在东汉时是洛阳城的德阳殿，大概的流程是这样的：首先，公卿百官和外国使节依次上殿为皇帝拜贺，而后地方郡国的上计吏上殿拜贺，并呈上过去一年地方上的收支文书。可见这正旦大会也不完全是典礼，还有一点政事的味道在里面。然后，作为对文武百官贺礼的答谢，皇帝在朝拜之后往往会赐予酒宴。据文献记载，宴会“**作九宾彻乐。舍利从西方来，戏于庭极，乃毕入殿前**”“**毕，化成黄龙，长八丈，出水游戏于庭**”。“九宾彻乐”是当时的一种宫廷音乐，至于黄龙出水之类的画面，大致是形容当时的一些百戏杂技的表演，总之还是相当隆重的。仪式结束后，“**谒者引公卿群臣以次拜，微行出，罢**”。

整个正旦大会的礼仪规程还是非常严格的，向皇帝祝贺要按照官职高低有相应的顺序要求，甚至对官吏的仪容仪表都有严格要求。东汉后期著名的外戚梁冀就曾因为大朝会的时候仪容不整而被言官弹劾。

·民间的春节庆典

春节是汉代从官方到民间都非常重视的最重要的节日。如果说官方的春节庆典还有着一些政治宣示的目的，那么民间的春节庆祝活动无疑更加的单纯和直接：纪念过去一年的辛苦劳动，以及期待来年的美好生活。

祭门神是我国自远古时期就有的风俗习惯，而到了汉代，门神们更是有了自己的名字和比较固定的形象，其中神荼和郁垒是比较常见的两位。

神荼和郁垒的传说起源自上古时期，《山海经》上记载他们生长在一个大桃树上，看守着鬼门，用苇索抓捕害人的鬼怪，然后喂给老虎吃。这种传说演变到后来，人们用桃木做门，在上面贴上神荼和郁垒的画像，认为这样可以起到辟邪的作用。

汉代的时候，每到春节前一夜，人们就会祭祀门神，以求辟除灾厄。通常的做法是在门上贴老虎画像，在门两侧摆上画有神荼和郁垒形象的桃木牌，再在门梁上悬挂一条苇索，供门神抓鬼使用，时人称这种仪式为“悬苇”。

说到过年放爆竹，现在很多人都知道，这是为了吓走一种名为“年”的怪兽。实际上如果深究起来，关于这个“年兽”的形象，其实有很多不同的说法。以汉代来说，人们在春节这天一起床就要在院子里燃放爆竹，是为了吓走一种叫作“山臊”的鬼怪。在汉代的传说里，这种鬼怪住在西方的深山里，有三十几厘米高，人们被它碰到就会传染疫病。这种鬼怪有一个弱点，就是很害怕爆竹的声音，所以人们在春节的时候燃放爆竹，就是为了吓走这种鬼怪，其实也是一种对来年不生病的祈愿。

不过，说到燃放爆竹，可能多数现代人首先想到的就是各种好看的烟花吧？然而，这种填充火药的烟花爆竹，在汉代应该是没有的。虽然火药是四大发明之一，春秋时期也有过一些疑似火药的记载，但现在大家一般承认的火药是八、九世纪左右发明的，汉代自然还没有。

那么汉代的爆竹是什么样子的呢？答案其实很简单，就是烧爆的竹子。当时的人们用火烧竹节，使其发出噼噼啪啪的响声，以此来惊吓山臊。这真是名副其实的“爆竹”了。

相比于皇帝赐宴那种政治仪式，汉代民间在春节时的宴饮就有了真正的辞旧迎新的欢快味道。这种宴饮一般是以家庭或家族为单位，从春节头天晚上开始，然后守岁到第二天。这实际上就是我们现在年夜饭、过除夕等习俗的早期形式。汉代在这方面还有个有意思的做法，那就是除夕夜的年夜饭不能都吃光，要留一点剩饭，在春节早上起来要把剩饭撒到大街上，取一个辞旧迎新的彩头。这在当时叫作“留宿岁饭”，其实还是挺有仪式感的。

既然是家族的聚餐，那自然少不了喝酒。不过古代的饮酒，尤其是这种年节时的饮酒是礼仪的一种，和在电视剧里看到的那种大碗喝酒可不一样，是有着比较严格的规矩的。这些规矩集中体现在敬酒的次序上。春节当日，由家族的族长带领全族祭祀先人，即行饮酒礼：从年龄最小的族人开始依次向族中长辈敬酒祝寿，敬完之后再从年龄最小的开始饮酒。前者表示小辈对长辈的尊重，后者则寓意年幼者长一岁，年老者失一岁。

汉代春节时饮的酒，和平时也有所不同，称为椒柏酒，实际上是分别由椒和柏酿成的两种酒。“椒”是一种香草，汉人喜其性温、气香、多子的特点，制成椒酒供新春祝颂。柏是长青之树，古人将之视为长寿的象征，于是用柏叶酿酒，用于新年祝寿。此外，汉代民间的春节习俗中，还保留了一些原始巫术的痕迹，比如要饮用桃汤、屠苏酒等具有驱邪防疫功效的“饮料”。

汉代从官方到民间都非常重视春节，而从汉代到现在的两千多年间，春节的基本框架一直相对稳定，但在一些节俗的细节上出现了一些变化。比如我们在汉代的春节习俗中，还能看到一些比较肃穆的原始巫术的痕迹，比如官方的大傩戏，就有比较重的原始祭祀的影子。但从魏晋到隋唐，傩戏的形式虽然还在，但具体的气氛已经有了很大的变化，巫术的痕迹慢慢消退，民众狂欢的味道越来越浓。

随着古代社会商品经济的逐渐发展，商业、货币等元素也逐渐影响着春节的习俗。像我们今天小朋友最喜欢的压岁钱，最早在汉代的时候叫作“压胜钱”。“压胜”是一种原始的巫术。压岁钱也不是真的钱，而是做成钱的形状的一种辟邪物。而到了明清时期，民间已经习惯用真的铜钱来做压岁钱了，拿着压岁钱买糖果和鞭炮也成了小孩子过年最期待的事情。而除了这些传统习俗之外，春节在两千多年的历史中还有很多有意思的传说。这些传说的内容或许看似荒诞不经，但其实内涵也是非常丰富的。

关于春节，那些常见的民间传说

关于春节的民间传说实在是太多了，可以说每一个地方都有属于自己的春节故事。但如果我们仔细梳理这些传说就会发现，还是有一些故事是在全国各地普遍流传的。虽然这些故事在文本细节上可能有差异，但大致的框架还是差不多的。笔者从《中国民间故事集成》里面选择了几个，大家可以看看是不是似曾相识呢？

第一个是关于过年的，这应该是流传最广的一个故事。传说年是一种吃人的怪兽，但这种怪兽特别害怕红色，也害怕响声，同时又特别忌讳人说它胆小。因此人们在过年的时候，会贴各种红色的纸，还会放鞭炮，都是为了对付这个怪兽。

第二个是关于压岁钱的传说。传说有一种叫祟的妖怪，红眉绿眼，比鬼还鬼。这种妖怪专门在腊月三十的晚上出来残害小孩。于是人们就用红纸包十个铜钱放在小孩的枕头边上，祟拿了钱就不伤害孩子了。

第三个是著名的门神的传说。关于门神，前面说过神荼郁垒的版本，但其实历史上门神的版本很多，比如到了唐宋时期又有了秦琼和尉迟恭版的门神，当然也有相应的民间传说产生。秦琼和尉迟恭都是李世民的大将，这个传说说的也是秦琼和尉迟恭守护李世民的故事。说玄武门之变后，李世民弑兄上位，一直害怕兄弟们的鬼魂回来找他，晚上经常失眠。后来秦琼和尉迟恭听说这个事之后，就主动晚上来寝宫门口守着。这两人都是初唐的名将，身上血气很重，鬼怪们就不敢来了。不过唐太宗体恤下属，不忍心让他们日夜站岗，就命画师画了二人的画像挂在寝宫门口，由此产生了贴门神画的习俗。

第四个是关于过年贴福字的习俗，流传比较广的故事是和朱元璋有关。传说有一次过年，朱元璋要杀一户门上贴了福字的人，然后马皇后心善，就偷偷地传话让所有居民家里都贴上福字。这样领了皇命的刽子手就无法发现要杀的到底是哪家人，最后事情只能作罢。后来人们为了感念马皇后的恩德，就在过年的时候家家门上贴福字了。

第五个是关于社火的习俗。传说是因为古代的一场大瘟疫，百官受到土地神的指点，组织民众敲锣打鼓走家串户，最终战胜了瘟疫。延续至今，在春节期间有些地方会有社火仪式，人们组成队伍敲锣打鼓，祈求来年无灾无病。

所有这些传说，在今天的人看来似乎有些原始和荒唐。但如果我们追溯这些传说的起源，实际上可以看出先民们的许多观念和意识。我们为什么要过年？以及为什么春节会成为百节之首？这些传说故事里，其实包含着古代先民们的答案。

• 春节关乎生死

生存和繁衍，这是任何物种最根本的两大需求，人类自然也不例外。

从关于春节的各种传说故事里面，我们首先看到的是先民们对生存的强烈追求。比如年兽，甚至压岁都出现了吃人的怪兽；在社火的传说中，也留存着先民们的瘟疫记忆。这些实际上都是先民们对死亡的一种恐惧意象。

但是，面对生死间的恐怖，我们的先民并没有瑟瑟发抖，而是积极地采取了他们能够想到的办法。诚然，这些办法在我们今天的人看来是那么原始，甚至是愚昧的，但这并不能掩盖他们在当时的认知条件下，积极求存迸发出的生命的力量！

• 特殊的大年三十

在诸多的春节传说中，都出现了一个共同的时间节点，那就是大年三十。年兽也好，小妖祟也罢，都是大年三十出来吃人，连门神也是要在年三十贴上。这种共性显然不是单纯的巧合。对先民们来说，年三十这一天，是有着特殊的意义的。

在远古的洪荒时代，人们过着寒暑不知年的日子。在漫长的时光中，先民们逐渐地形成了对时间的认识，有了对时间计量的方法，也就是岁时观念和相应的历法。在先民们生活的那个年代，冬季无疑是非常难熬的，天寒地冻，食物稀少。而年三十这一天，正是“**月穷岁尽之日**”，也就是最难熬的时候。过了这一天就是一元复始，万象更新，日子就要好起来了。

可以说年三十这一天，在先民的观念里就像是黎明之前最黑暗的时刻。咱们今天把过年当作是一个纯粹的喜庆的日子，可实际上对我们的先民来说，这一天的意义可能完全不同。

• 春节关乎善恶

在各种关于春节的传说故事中，渗透了先民们朴素的善恶观念。我们能看到，几乎所有传说中都存在着朴素的善恶二元对立：孩子是善的，怪兽是恶的；门神是善的，妖魔是恶的；救人的皇后是善的，杀人的皇帝是恶的；等等。而故事的结局，总是惩恶扬善。这样的故事套路，看起来似乎有些“幼稚”，但其实这也是先民们对真善美的追求和期许！

除了期许，我们的先民其实也曾勇敢地把这种追求付诸实践。比如在社火的传说中，虽然借助了神灵的力量（土地公），有着文武百官的领导，但每一个普通的先民也都参与到了驱逐瘟疫的过程当中。谁能说这不是一种勇气呢？

• 春节关乎家人和集体

在关于社火的传说故事中，纵然有着神灵的帮助、百官的领导，但村民们最终也是“组成队伍祛灾攘瘟，求吉祥平安”；而在与年兽的各种“斗争”中，我们在故事里看到的几乎也都是村民们集体出动。所有的争取，所有的抗争活动，都是以集体的形式，通过集体的力量来完成的。这样一种“集体主义”的故事情节明显不是偶然。因为在个体的生存能力极为有限的环境下，先民们只有依靠集体的力量才能生存下来。尽管这集体的形式，从一个山洞到一个部落，再到一个家族以致邻里乡党，其范围在不断地扩展，但精神的内核并没有变化。

这样一种群体意识，其实也反映在春节的很多习俗中，比如说拜年。在整个古代社会，拜年实际上都是采取“团拜”的形式。不论是官方皇帝与大臣们的“大朝会”，还是民间亲族之间的拜年活动，实际上都有着强化集体意识的作用。即便是到了今天，随着人们活动空间的不断扩展，血缘地缘的羁绊在不断弱化，每到春节，人们依然会尽可能地回到家人的身边。团圆，依然是春节固有的文化习俗，亲族和睦也依然是绝大多数中国人不变的向往。

中国是一个幅员辽阔、民族众多的国家，不同区域、不同民族都有各自的风土人情。然而，春节却是我们绝大多数民族、地区都有的共同节日。

我们在前面提到的各种春节的传说故事，与春节这个节日一起，跨越了时间，跨越了空间，甚至跨越了民族，延续几千年而经久不息。

我们经常说“爱国”，说“民族情感”，但实际上国家也好民族也罢，不能是一个空洞的概念。所有的情感，都是要有具体的事物作为附丽的基础的。而春节这样一个节日，以及流传下来的这些传说故事，让几乎所有中国人，在每年的同一时间开展着同样的活动，共享着同样的记忆。数千年的循环往复，才构成了我们今天中华民族身份认同的文化基础。

春节的传说故事，早已不再是简单的故事，而是承载着祖先的记忆。当我们隔着数千载的时光，阅读祖先们的来信时，不妨说一声：“你说，我懂。”

元宵节仅仅是春节结束的标志吗？还有哪些你不知道的起源与习俗？

东风夜放花千树。更吹落，星如雨。

宝马雕车香满路。凤箫声动，玉壶光转，一夜鱼龙舞。

——宋·辛弃疾

元宵节，或称元日、元夕，是我国一个重要的传统节日。作为春节期间的最后一个节日，元宵节可算是为数不多从古代一直传承到今天的传统节日之一了。赏花灯、赏月、吃元宵，在娱乐和食物都相对匮乏的时期，这些节日活动对人们无疑是有着巨大的吸引力的。这样一个节日到底是怎么来的？除了我们熟知的这些节俗之外，它的背后又有哪些更深的文化内涵呢？咱们一起来看一看吧。

元宵节的来历

要说元宵节的来历，这个版本就非常多了，从历史的到宗教的，从民间的到学界的，似乎有着真伪莫辨的多种说法，到今天也没有一个特别权威的答案。不过作为民俗本身来说，咱们不妨换个角度看，这些各种各样的说法，也是构成元宵节这个民俗事项的组成部分，体现了不同时期、不同地方的人们对元宵节的一些记忆和认识。在这里我就选择流传比较广泛的几种说法，以飨各位读者。

关于元宵节的来历，最早的一个说法源自西汉文帝时期。汉文帝承诸吕之乱，以外藩入主长安。据传说周勃平定诸吕之乱就是在正月十五这天，所以汉文帝登基之后就把这一天定为一个庆祝节日，每到这天晚上就要出宫游玩，参与一些民间的庆祝活动。正月也叫元月，宵就是夜晚的意思，元宵这个词也就是这么来的。

也有说法认为，元宵节的起源与佛教有关。比如成书于南宋的《岁时广记》里就曾有这么一段记载：**“西域十二月三十日，乃中国正月之望，谓之大神农变月。汉明帝令烧灯，以表佛法大明。”**这可能是关于元宵节燃灯习俗的来历的一种说法。

另外也有说法认为，元宵节燃灯的习俗和道教有关。道教有“三元说”，从而衍生出三元节，即上元节正月十五、中元节七月十五、下元节十月十五，分别对应天、地、人三官。正月十五为上元节，故要燃灯庆祝。此外也有道教典籍说，道教的祖师张道陵天师的生日是正月十五，元宵节乃是为天师庆生。

不过说实话，这些跟宗教有关的节日起源说，大多有一定的附会的成分。有学者经过仔细考证，认为元宵节应该起源于先秦时期的“元日祈谷”仪式。按《周礼》的解释，在西周时期孟春元日，周天子要率领百官、诸侯、大夫举行祈谷仪式，大致就是一种模拟农业耕作的仪式表演，主要是祈求丰收。这种仪式的起源，可以追溯到原始社会春耕时人们祈求丰收的仪式。同时，在这种祈谷的过程当中，也有点燃篝火的仪式环节，像《诗经》中就有“载燔载烈，以兴嗣岁”的诗句，说的就是这个事情。这也被认为是元宵节燃灯习俗的滥觞。

元宵节的习俗

元宵节自汉代出现以来，逐渐褪去了原始巫术的色彩，从汉魏到隋唐，从官方到民间，从宗教到世俗，元宵节逐渐向着全民狂欢节的地位狂奔而去。在这个发展的过程中，也逐渐产生了很多我们后世熟悉的节日习俗，从最早的燃灯到后来的灯会、灯谜，再到后来的吃元宵、舞龙舞狮等等。

元宵节的燃灯习俗最早起源于上古祈谷仪式中的燃篝火，后来逐渐发展成灯会以及相应的游行活动，这也是民间所谓“闹元宵”的主要内容。在观灯游街的同时，还逐渐产生了其他多种文娱活动，比如猜灯谜。灯谜大概源自宋代，人们在燃灯的同时，在花灯下面附上谜语，猜对了往往还有奖品。灯谜的类型很多，到晚清时期，常见的灯谜有谐声、别字、拆字等种类，难度也是不等，上到文人雅士、下到贩夫走卒都有适合参与的。元宵节承接春节，宋代以后也延续了过年放烟火的习俗，人山人海逛街的同时，还有烟花在夜空中绽放，更增添了几分热闹的气氛。

说到元宵节的节令食品，人们首先想到的应该就是元宵，或者叫汤圆。实际上在元宵节吃汤圆的习俗，出现的比元宵节要晚一些，大约要到南宋以后了。最早的时候，元宵节的节令食品主要是米粥或豆粥，但这个主要是祭祀用的供品，其性质跟后来的汤圆的性质还不一样。大约南宋以后，开始出现在元宵节食用汤圆的记载：“以糯米为皮，内实各种馅料。”南北两地对汤圆的做法也不太一样，像南方主要是用手工揉团，北方则主要是用手摇簸箩滚成球[1]。

汤圆与团圆谐音，实际上也是寄托了人们祈求团圆的念想。传统上正月十五是整个过年的结束，过年也好，正月十五也罢，都是祈求阖家团圆。在今天很多农村地区，依然保持着正月十五之前不开工、不离家的古风，而在城市里一般则是初七、初八就要上班了，不得不说是比较遗憾的事情。

明清以后，在传统的灯会之外，元宵节又加入了一些民间杂技活动，比如舞龙、舞狮、踩高跷、划旱船等等。这些传统的杂技活动，很多都不是元宵节独有，比如舞龙、舞狮，但这些活动的加入，无疑使得元宵节的节日气氛更加热闹了。

元宵节与狂欢节

在今天，说起元宵节的习俗，可能多数人能想到的就是吃元宵、赏月、看花灯等，但实际上在古代很长一段时间里，元宵节都承担着狂欢节的角色。为什么叫狂欢节呢？因为很多在平时要遵守的规矩，在这一天都不用遵守了！

比如说活动的时间和空间。过去古人“日出而作，日落而息”，其实也不是完全主动地选择，因为在唐代及之前的朝代，是普遍地执行宵禁的。但在元宵节这天，“金吾不禁”。执金吾是负责维持京都治安的

1. 也有说法认为：用手摇簸箩滚出的叫“元宵”，和面包出来的叫“汤圆”，可备一说。

官员，他们很重要的一项工作就是检查宵禁，也就是说，元宵节前后，宵禁停止了。

平日的晚上，普通人活动的空间只有自己家里，但到了元宵节这天，大家可以上街赏灯、购物、吃喝等等，活动的空间也大大地扩展了。比如《东京梦华录》里就记载了宋代开封的元宵节盛况：“**游人已集御街两廊下。骑术异能，歌舞百戏，鳞鳞相切，乐声嘈杂十余里，击丸蹴鞠，踏索上竿。**”可见当时的元宵节还是非常热闹的。

虽人与人之间因权力和财富的不同，社会地位相差很大。在平日里，很难看到官员、平民、读书人、劳动者等不同身份的人密集地出现在一个地方，甚至连城市里的主干道，都要专门划出几条路，不许一般老百姓涉足。但在元宵节这天，这种身份性的壁垒也在一定程度上被打破了。辛弃疾在他那首著名的《青玉案·元夕》一词中，用“一夜鱼龙舞”来形容元宵节的热闹景象，如此热闹的场景自然也不可能再严格地区分哪些是有身份的人，哪些是普通百姓。甚至在某些朝代，皇帝为了满足个人娱乐的需求，或者为了展示与民同乐的胸怀，还会亲临元宵节花灯会的现场，让普通人都有机会看一眼皇帝的真容，这在平时是不可想象的！

还有一点，可能也是最具狂欢色彩的，就是元宵节晚上，女性也可以上街看花灯。到了明代还产生了一种专属女性的“走桥”的活动，女性结伴在桥上走动，表达求子、求健康等愿望。

在金元时期，在元宵节前后还流行一种“偷俗”，即可以去偷别人家的东西，主人家就算发现了也不能责罚，还得拿东西上门去赎取。这种偷俗后来一定程度上突破了男女大防，成了互有好感的青年男女约会私奔的理由，不过这种“偷”只能局限在未婚男女之间。

当然这种偷俗最早应当是流行于少数民族地区，后来在汉化的过程当中受到了中原文化的影响，私奔一类的习俗逐渐就没有了，但是偷菜的习俗却保留了下来，甚至一直到今天，在一些南方地区还有留存。而且在解释为什么要偷菜的时候，实际上又包含了一点原始的与生育有关的祈盼，比如好的姻缘，比如求子之类的。这或许也是最早的私奔一类习俗的一缕余绪吧。

“二月二”与“龙抬头”到底是怎么回事？

二月二日江上行，东风日暖闻吹笙。

花须柳眼各无赖，紫蝶黄蜂俱有情。

——唐·李商隐

说到农历的二月初二，几乎所有中国人都会想到“二月二，龙抬头”的俗语，而美发行业的从业者们肯定还会认为，这是一年正式工作的开始，也是第一个业绩的高峰。对于今天的国人来说，二月二可能就是一个理发的日子，而所谓的“龙抬头”，很多人也就自然而然地跟剃头联系在了一起。但实际上，二月二的历史还是相当悠久的，其传统的节俗也很丰富，反倒是理发这个我们今天人人都熟悉的习俗，产生的时间却比较晚。下面咱们就来聊一聊这个熟悉又陌生的“二月二节”。

二月二与中和节

在中国为数众多的传统节日中，二月二并不是一个特别古老的节日，它的起源大概是在唐朝中期，又与唐德宗年间设立的中和节有密切的关系。

大约是在唐贞元五年（789 年）的春天，安史之乱已经被平定了十几年，整个唐朝社会也开始表现出一定的“中兴”之相，唐德宗就跟当时的宰相李泌提了个想法，大概是说：“春节之后，下一个重要的节日就到上巳和寒食了，这都是三月初的节日，整个二月都没有节日，朕想设立一个节日让大家庆祝欢乐一下，你看选什么日子好呢？”然后李泌就说：“二月一日正是桃花盛开的时候，可以设节，取名叫中和节吧。”当然最后发布诏书的时候，言辞上还是美化了一番，设立这个节日的目的被表述为：“**春方发生，候及仲月，勾萌毕达，天地同和，俾其昭苏，宜助畅茂。**”大概就是春天万物萌发，要顺应天时，与民同乐的意思。

唐朝人是特别爱玩的，很多带有原始巫术色彩的传统节日，比如上巳节、上元节，到了唐朝人这里慢慢都往狂欢节方向上跑偏了。春天草木萌动，中和节设在仲春，那正是出去游玩的好日子，再加上政府的设计规定，所以就产生了春游、宴饮、春社祈谷等习俗。不过中国人在传统节日上，似乎对“重数”的日期有某种偏好，比如三月三上巳节、五月五端午节、九月九重阳节等等。或许是因为这个偏好，也或许是因为唐人觉得一天的节期太短，在中和节设立的短短几十年之后，我们在唐人的诗词文章中就开始发现了“二月二节”的踪迹，其节俗也跟中和节特别相似。比如白居易曾有诗《二月一日作，赠韦七庶子》：“**明朝二月二，疾平斋复毕。应须挈一壶，寻花觅韦七。**”这实际上就说明当时有二月二郊游宴饮的习俗。到了晚唐时期的文人笔记里，二月二这天还有采菜、迎富等习俗。比如晚唐风俗志《岁华纪丽》就有一个故事，说有个叫巢氏的人，在二月二这天领养了一个孩子，后来家里就大富起来。后来，这个地方的人“**以此日出野田采蓬叶，向门前以祭之，云迎富。**”可见到了中晚唐时期，中和节的日期已经有了微妙的变化，从二月一日变成了二月二日。

之后一直到两宋时期，二月二节基本上都是这样一个以踏青、挑菜、迎富为主要节俗的比较欢快的春季节日。但从元代开始，二月二又有了新变化，节俗的内涵也大为丰富起来。

二月二与百虫

农历的二月初二，从日期上来说与二十四节气中的惊蛰非常接近。伴随着滚滚的春雷，田间屋内沉眠了一冬的虫蚁们也被春雷惊醒，开始活跃起来。多数的虫蚁对人们的生产生活都有妨碍，它们或者传播疾病，或者啃坏庄稼。所以到了这个时节，民间也就出现了很多杀灭昆虫的习俗。二月二节在惊蛰前后，习俗上逐渐也就受到了惊蛰的影响。

元明时期，尤其是明代以后，二月二中逐渐多出了一些与驱虫相关的习俗。具体的做法各地多有不同。为了避免昆虫啃食庄稼，有些地方流行“打囤”的做法，也有打灰囤、画仓等不同的叫法。大致的做法就是用簸箕盛着草木灰，在院子里画成粮仓的形状，然后在中间摆上粮食，有的地方还要赶鸡进去吃掉，认为这样可以避免昆虫啃食庄稼。

而为了避免蚊虫叮咬传播疾病，很多地方也流行二月二在屋内撒灰的做法。用在屋内撒草木灰的方式驱除虫蚁，最早见于先秦典籍，唐代孙思邈的《千金月令》里记为惊蛰民俗，再后来又传到了二月二。为了驱除屋内的蝎子毒虫，民间还有很多方法，比如贴符纸，或者用棍棒敲打家中的家具、房梁，还有的地方流行焚香或点蜡烛驱虫。在二月二前后，春播就正式开始了。这些驱虫的仪式在今天的人看来或许不那么“科学”，但是在古代农业社会，人们靠天吃饭，一年的收成都掌握在不可捉摸的老天爷手里。所以通过这样或那样的方法，表达自己对丰收的祈愿，也是很好理解的。

二月二与龙

如今说到二月二，很多人都会接上一句“龙抬头”。但实际上从节俗的发展来说，应该是先有二月二，后有龙抬头。二月二节开始与龙扯上关系，基本上是元明以后的事情了。那么二月二是怎么跟龙搭上关系的呢？民间有一些传说，学者们也有一套解释。

先说一下民间传说吧，比较流行的故事有两个。其中一个故事是跟武则天有关。传说女人当皇帝引起了天帝的不满，就下令三年不许给人间降雨。但负责行云布雨的白龙很同情百姓，就偷偷给人间下了雨。天帝很生气，就把白龙镇压在山下，说除非金豆开花，否则不许出来。后来老百姓为了感谢白龙，就想出了爆玉米花的办法，因为玉米是黄色的，将玉米爆出花来就成了所谓的“金豆开花”。不过我们都知道玉米起源于美洲，传入中国大概是十六世纪中期以后了。所以这个传说虽然提到了武则天，但时间要比唐朝晚得多了。总之，按这则传说，二月二这天白龙重获自由，所以这天叫“龙抬头”。另一个故事是说龙王和王后有个女儿，她的生日是在二月二这天。女儿长大后跟人间的男子相恋，龙王和王后非常想念女儿，所以在每年龙女生日的时候就从海里抬头出来张望。

学者们对这个问题的解释和传说故事当然不同。有的学者认为，二月二和惊蛰挨得很近，惊蛰在古代人的观念中是个万物复苏的日子，龙是万物之长，所以就用龙抬头来代表万物的苏醒，这是一种说法。还有一些学者认为，“二月二，龙抬头”的说法与星象有关。中国古代天文星象有四象之说，也就是“东青龙西白虎，南朱雀北玄武”，而青龙是东方天空的星宿。每年的仲春时节，正是青龙在东方天际崭露头角的时候，所以称龙抬头。

二月二既然跟龙联系了起来，那很多习俗也就都跟着姓了“龙”，变得“傲天”起来。比如有的地方流行二月二吃水饺或吃面，吃水饺就被称作“吃龙耳”“吃龙角”，吃面条被称作“吃龙须”；有的地方吃一种蒸肉卷子，被称作“吃懒龙”；等等。当然流布更广泛的，还是“引龙”的习俗。

所谓的“引龙”，本质上其实是引水，求一个风调雨顺，这在农业社会是非常重要的理念。因为古人认为龙是掌管行云布雨的，所以这个仪式就被人们叫作引龙。古人认为龙是居住在水里的，所以引龙仪式的起点和终点往往都是有水的地方，比如从家中的水井引到储水的水缸，或者从村里的河流引到家里的水缸。具体的做法各地差别比较大，有用草木灰的，也有用米糠的，大约都是用这些东西撒成蜿蜒的曲线，仿佛龙一样，然后把起点终点连接起来。除了引水之外，在有些地方还有二月二“引钱龙”的习俗，这可能是唐宋时期二月二迎富习俗的一种演变。

现如今，说到二月二，在大部分的城市里可能只剩下理发这一个习俗比较普遍了。在农村，家家户户都通了自来水，引龙的仪式也已经非常少见，只有一些乡间的老人家可能还保留着这个习惯。不过这几年，随着非遗保护引起社会上下的重视，有一些二月二的社交活动倒是有所复兴，比如很多地方又重新出现了二月二的庙会，二月二这天又重新热闹了起来。

二月二这个节日，一开始就是庆祝春日的以欢腾娱乐为主的节日，后来在农业社会经济、文化的影响下，逐渐加入了各种带有农业文明色彩的习俗。而在如今商业文明的大潮下，传统农业文明的很多习俗都难以为继，倒是最初的娱乐色彩出现了回归，这也实在是一件有趣的事情。

花朝节曾与中秋节齐名，为何如今却少有人知？

百花生日是良辰，未到花朝一半春。

万紫千红披锦绣，尚劳点缀贺花神。

——清·蔡云

中国有很多传统节日，有一些一直保留到今天，比如春节、元宵节，所以大家都比较熟悉。也有很多节日，曾经非常重要，但后来却因为各种原因衰落了，导致今天的人们已经很少听到，比如花朝节。这个节日曾经是与八月十五中秋节齐名的重要节日，如今已经少有人知了。

什么是花朝节

花朝节，也叫花神节，或者叫百花生日，这是一个以花为名，体现人们花神信仰的节日。说到花，我们首先想到的可能是好看、观赏性强，但在古人的观念里，花代表着生命的孕育与轮回，象征着人与万物的生老病死。相应的，被人们神格化的花神，也就主管着人们的生老病死，甚至是农作物的收成好坏。这也是花朝节诞生的心理动机。

关于花神的形象来历，其实有很多不同的说法。比较流行的一种说法是，花神名叫女夷，早期是**“以司天和，以长百谷禽兽草木”**（《淮南子》）。之后逐渐加入道教因素，被认为是西晋女道士魏夫人的弟子，如明代的《月令广义》：**“女夷，主春夏和养之神，即花神也。魏夫人之弟子。花姑亦为花神。”**此外，还有佛教的名为迦叶的男性花神、十二月各有花神等几种说法。

到底在哪天过花朝节

花朝节可能是我国所有传统节日中，日期最不固定的节日之一了。花朝节的雏形可以追溯到先秦时期，不过作为一个节日正式确定下来，应该是隋唐时期。唐朝的花朝节定于二月十五日，与正月十五、八月十五并列为三个“月半节”之一。民间常将花朝节与中秋节并称，有“花朝月夕”之说。唐代后主李煜那首著名的“春花秋月何时了”中的春花，其实也是指花朝节。所以说，二月十五日，这应该是官方确定的花朝节的正式日期。现在《辞海》《词源》这些书里，用的也还是这个说法。

不过，既然是民俗，那什么时候过、怎么过，这些就不完全由官方说了算了。所以，花朝节发展到后来，南北各地的日期就有了很大的区别。比如浙江、东北等一些地方，是在二月十五过花朝节；北京、江苏等一些地方的花朝节在二月十二；南方的广西等地，甚至在二月二就开始过花朝节了。

同样一个节日，为什么日期有这么大的差别呢？我想，这主要是跟气候有关系。花朝节毕竟是以花为名的节日，赏花肯定是其中一个重要的节俗活动。各地气候不同，花期早晚有异，过节的日子可能也就不一样了。所以一般来说，南方比北方要早几天过花朝节。另外一点就是，可能与历史上的气候变化有关系，比如山西一些地方在二月二过花朝节，这可能与当地节俗形成的时候处于历史上的温暖期有关。

花朝节的习俗

花朝节以花为名，各种与花有关的节俗活动自然是少不了的。

花朝节的正式确立是在隋唐时期，不过这个时候的花朝节，还是局限在上层文人雅士圈子里的一个相对小众的节日。当时，文人雅士们每逢花朝节，便会聚集在一起，寻一处美景，饮酒赋诗。比如大诗人白居易在《祭崔相公文》中，就回忆了与崔敦、元稹、刘禹锡等好友于花朝节的杏园中，“或征雅言”“或命俗乐”等其乐融融的画面。

到宋代以后，随着市井文化的发达，花朝节也逐渐由精英阶层扩散到了整个民间社会。许多花朝节的习俗，也都是在这个时候逐渐形成的。

•踏春、赏花

既然是百花的生日，又时值仲春，踏春出游，顺便赏花、扑蝶自然是应有之义。南宋吴自牧在《梦粱录》里这样描述当时的赏花盛况：**“都人皆往钱塘门外玉壶、古柳林、杨府、云洞，钱湖门外庆乐、小湖等园，嘉会门外包家山王保生、张太尉等园，玩赏奇花异木。最是包家山桃开浑如锦障，极为可爱。”**

在花朝节踏青赏花本是古已有之的习俗，一直延续至清朝，所以在有些地方，花朝节也被称为“踏青节”。繁花似锦自然引来彩蝶纷纷，赏花的同时，扑蝴蝶自然也就成了配套的活动了。清嘉庆年间《如皋县志》记述：**“十五日花朝名扑蝶会，好事者置酒园亭，或嬉游郊外。”**能被县志收录，显然这是一个长期持续的活动了。

•花朝赏红

除了赏花，花朝节还有赏红的习俗。这个赏红，可就不仅仅是看那么简单了。明清时候的女子，会在花朝节这天，做各种颜色的剪纸，贴在花木的枝子上，或者用彩纸做成各种小彩旗，插在花盆里。清人袁景澜在《吴郡岁华纪丽》里记录了这个习俗的来源：**“效崔玄微护百花避风姨故事，剪五色彩缯，系花枝上为彩幡，谓之赏红。”**传说这崔玄微是唐朝天宝年间人，曾机缘巧合地遇见了由百花化成的精怪，然后通过为花系上彩幡的办法，帮助百花躲过了风神的摧残。百花之精自然也回报给他延年益寿的好处。所以，后世女子在花朝节这天，往往也借由赏红的习俗，为百花祝寿的同时，也为自己和家人祈祷安康。

• 花神祭祀

前面说过，花神是掌管人间的生老病死以及作物收成好坏的。花朝节既然是花神的生日，那么信众们自然少不了要去庙里拜上一拜。比如在清朝的时候，每年的花朝节，各省都建有花神庙进行祭祀，参拜人数很多。花神祭祀的供品主要是各种时令鲜果。人们还将家里裁剪衣服剩下的小布片绑在树枝上，祈祷丰收。

清代顾禄在《桐桥倚棹录》里也有记载：“**虎丘花神庙不止一所，有新旧之别。桐桥内花神庙祀司花神像，神姓李，冥封永南王，旁列十二花神。明洪武中建，为园客赛愿之地。岁凡二月十二日百花生日，笙歌酬答，各极其盛。**”可见明清两朝，虎丘花神庙祭祀之盛况。

• 花朝节的美食

作为一个重要节日，花朝节自然也少不了美食助阵。当然，既然以花为名，那这节日的美食，自然也是以花为主了。

佳节自然要有佳酿，百花节自然也要喝百花酒。这种酒用百花、百果酿成，口感甘甜，正所谓：“**百花酒香傲百花，万家举杯誉万家。酒香好似花上露，色泽犹如洞中春。**”

除了百花酒，在花朝节这天，人们还要吃百花糕，喝百花粥。百花糕的历史非常悠久，据说起源与武则天有关：武则天在花朝日组织君臣游园大会，让宫女们采集百花，蒸成糕点，赏赐给群臣。至于百花粥，自然也是用各类花、果熬制的粥品了。

此外，花朝节这天，民间还有挑菜的习俗。所谓挑菜，就是在野外踏青的同时，挖些可以食用的野花野菜回去，作为饮酒饮食的点缀。所以花朝节在民间也有“挑菜节”的叫法。

今日花朝节

花朝节是我国历史上一个十分重要的民间节日，体现了民间的花神信仰、对丰收的期待以及对自然的亲近，可为何花朝节从清末开始就逐渐衰退，以致消失了呢？我想可能有这么几个原因。

首先是花朝节的日子不固定。诚然，前文说过，花朝节日期的多样与气候有关。但对比一下元宵节等传统节日，对一个全国性的节日来说，有一个统一的日期无疑是更方便人们记住的。其次就是，相比于元宵节等传统节日，花朝节或许少了一些更具标示性的节日象征，相比于元宵、粽子，花糕、花酒就少了些辨识度。最后，可能也是最要紧的一点，在传统的农业社会，人们过花朝节更重要的还是祈祷丰收，但这种需求在今天已经比较淡薄了。

不过这几年，随着传统文化的复兴，有些地方又开始重新举办花朝节，比如苏州虎丘的花神庙庙会、武汉旧街的庙会等等。

虽然在如今这个时代，人们对农业丰收的感受已经不那么强烈，但花朝节蕴含对美好的追求，对自然的亲近，这些节日要素还是应该很好地继承和保存下来的。钢筋水泥中有一缕花香，不正是生活在城市中的我们所需要的吗？

清明本是节气，后来怎么成了四大传统节日之一？

春城无处不飞花，寒食东风御柳斜。

日暮汉宫传蜡烛，轻烟散入五侯家。

——唐·韩翃

清明作为一个节气，其实本身并没有什么特别，地位上也赶不上二分二至那样重要。那它后来怎么就变成了四大传统节日之一了？接下来我就跟大家聊聊作为节日的清明节的来历。现在我们一般都认为，清明节是融合了很多传统的节日或纪念活动，最后形成了现在这样的一种综合性节日，这其中最重要的两个节日就是上巳节和寒食节。所以要讲清明的来历，就绕不开这两个节日。

上巳节

首先说一说这个上巳节。巳就是十二地支“子丑寅卯辰巳午未”中的“巳”。这是一个比较古老的节日，春秋时候就已存在，而且和原始的巫术关系比较密切。早期的上巳节日期其实不太固定，是三月的第一个巳日，总之是在初春。最早上巳节的习俗主要是三个：会男女，祓禊（fú xì），招魂续魄。会男女就是男女约会、求偶这些，所以也有人把这个节日说成是中国古代的情人节，但现在认可的人不太多，因为在最早期的会男女还包含了一些如“野合”之类的做法。

上巳节最主要的一个习俗还是祓禊。祓禊主要是到水边进行沐浴，驱除过去一年中积下的污秽和各种不祥。当然这个沐浴，并不是说大家脱了衣服跳到河里去洗澡，它更接近于一种宗教或者巫术上的仪式，所以还要用到各种熏香等材料。除此之外，这种祓禊活动也包含了求子的意思，所以后来跟高禖（也就是生育神）的祭祀结合在了一起。

经过汉代到了魏晋南北朝时期，上巳节的巫术色彩逐渐转淡，像祓禊、求子、招魂这些习俗西汉时期还比较多，到魏晋的时候就逐渐消失了。临水祓禊变成了临水宴饮，会男女逐渐演变成了春游，而且日期也逐渐确定在农历三月三。我们都知道魏晋的名士风度，除了河边饮酒，还发明了曲水流觞的活动。像王羲之所著的《兰亭序》，实际上就是记载了一次上巳节活动。随着上巳节的节俗只剩下春游这一项，那它作为一个固定的节日的必要性也就逐渐地消失了。到了唐宋以后，上巳节就逐渐地融入到了清明节里。所以我们说清明节春游的习俗，包括踏青以及各种适合春季的体育项目，其实有相当一部分是继承自这里。

寒食节

寒食节，字面上的意思就是这一天不能生火，大家都吃冷的东西，所以叫寒食。这几年随着提倡恢复传统文化，人们才开始重新发现这个节日。实际上它的历史也很悠久。

关于寒食这个节日的起源，说法非常多，有说起源于古代改火习俗、禁火习俗，也有说起源于介子推传说。这几种说法都比较流行，所以我简单介绍一下。

首先说禁火。禁火的说法是说在周代，每年的春季因为干燥，容易发生火灾，就禁止大家点火，不能生火当然也就只能吃凉的了。这个说法主要是源自《周礼》等文献，但对文献其实也有不同的解读。

其次说改火。实际上世界上很多民族都有改火的习俗，比如英国学者弗雷泽在《金枝》里，就讲到欧洲一些民族的篝火节，其实也有原始的改火习俗的遗存。改火的习俗能一直追溯到原始社会，当时的人有一种观念，认为长时间燃烧的火，会带来某些不祥的东西，所以，每当火燃烧一段时间之后就需要把它换新火，这样能够祛除各种不祥各种疾病，诸如此类。同时，在改火的过程中一般都有一个禁忌，就是新火和旧火不能碰面，所以这个过程当中要有一个不能生火的阶段，导致人们寒食。

还有一个说法认为寒食节源自纪念介子推，这个说法出现于西汉后期，同时也是最早的关于寒食的文献记载。文献记载说，在山西太原附近有一种区域性的习俗，当时人们在每年的春天，要禁火寒食一个月。同时文献中也说，之所以禁火寒食是为了纪念介子推，因为介子推在民间传说中最终的结局，是被晋文公放火烧山烧死了。

介子推的故事可能很多读者都听说过，这是一个很经典的忠臣的形象，最早应该是见于《左传》的记载。在这个故事里面最经典的两个桥段，一个就是割肉，另外一个是烧山，但实际上这两个故事在《左传》里面都是没有的。烧山的故事最早见于屈原的《楚辞》，但这已经是介子推死后300年以后的事了，而割肉的故事出现的时间更晚一些。而且这些故事，如果细究起来，不合常理的地方很多。所以一直以来很多研究寒食节的学者，对这个说法都比较排斥。但实际上如果仔细去研究这个说法的话，作为寒食的起源其实也有道理。首先从空间上就能够对应，因为寒食的起源最早是在太原那边，也就是山西，而介子推是春秋时期的晋国人，实际上也就是在现在的山西；而且按《左传》的记载，介子推死后，晋国官方是在太原附近封了一座山作为他祭奠的籍田[1]的。也就是说，官方对他的祭奠，

1. 籍田，最早指周代井田制下征用奴隶义务耕种的公田。这里是指晋国从国有土地里分出固定的一块，用于祭祀介子推。

保持了很长时间。那么在这个过程中，经过几百年的祭奠，介子推从一个普通的忠臣逐渐地被神化，这是完全有可能的。至于关于他的故事里面后来附加的一些东西有情节上的不合理，这个反倒很正常，因为民间传说从产生来讲，通常都是一点一点地构建出来的。这个构建的过程，更多的是体现了民众对忠诚、忠义的一种念想。

不管怎么说，寒食的这种习俗，最早在文献上见到是在汉代，而且早期也比较简单，它就是一个区域性的习俗，内容就是禁火、吃冷饭。从整体气氛上来说，最初的寒食节也是给人一种比较寒冷肃穆的感觉。而且最早的时候，寒食节的时间很长，长达一个月，所以其实给民众造成了很大的负担。所以后来在一些地方官的限制下，寒食节逐渐缩短到三天的时间，这在史书里是作为循吏治理地方的政绩来夸耀的。

到了魏晋南北朝时期，随着民族的融合，寒食这种习俗也从区域性的习俗扩展到了更广的地方，而且时间和内容都有变化。汉代的寒食其实并没有特别固定的日子，只是在冬天或者在初春，那么到了魏晋南北朝时期，日期逐渐地被固定到了冬至之后 105 日，后世关于寒食百五节的说法也是从这里来的。而且随着范围的扩展，寒食节过去那种肃穆的气氛逐渐没有了，开始加入了一些斗鸡之类的娱乐活动，吃的东西也更丰富。

我们现在清明节最主要的一个祭祖习俗，就是源自唐朝，这可能跟寒食最早纪念介子推这样的一个源头有一定的关系。而且寒食在唐朝的时候，还经历了一个从民间到官方再返回民间的过程。寒食祭祖，这最早是一个民间的习俗，后来官方觉得这个东西比较符合孝道，然后通过诏令的形式给予了承认，再后来还通过制定假期的形式进一步提升它的地位。唐中后期，寒食节放假颇多，前后加起来有 7 天，赶上现在的“黄金周”了。

到了这个时候，寒食节的内容又有变化。除了祭祖，在祭祖之后还加入了各种适合春季的户外活动，包括蹴鞠、放风筝、荡秋千等等。饮食方面虽然还是凉的，但花样也比过去丰富了很多，比如稠饧[1]、麦糕、奶酪、乳饼等等，还有寒具（也就是馓子）。而且因为寒食节的日子就固定在清明节之前的一到两天，所以这个时候的清明节，实际上就已经是寒食节的一部分了。而且寒食节是放假三天都不生火，所以日期上自然就把清明节涵盖进去了。

再往后，寒食节就逐渐地被清明节取代了，基本上所有的习俗也就都被清明节继承，我们逐渐地就只知道清明节，不知道寒食节了。要说寒食节为什么被清明节取代呢？我觉得时间上的因素是最主要的。因为两者的日期挨得非常近，但清明的日子非常固定而且好记，因为它本身是二十四节气之一，而寒食节的日子在冬至之后105日，记起来相对麻烦一些。

近代以来的清明节

前面说的就是清明节的历史，但实际上清明节基本的习俗都渗透在其中。一直到现在，在大的方向上也没有太多的变化，主要的节俗活动还是祭祖。在饮食方面，各地有各自的地方性的特点。像我们现在特别流行的青团，最早应该是浙江那边的一个地方性的食品。而到东北那边，在清明节吃各种饽饽、鸡蛋糕、饺子等比较常见。其他的还有春饼（台湾）、糍粑（广西）、子推燕（山西）、大馍馍（陕西）等各种地方性的吃食。

清明节还有一个比较常见的习俗就是“用柳”。中国传统文化里有“用柳”的习俗，比如折柳告别。同时，人们往往认为柳树、柳条有驱邪治病之类的作用，甚至也有一些地方认为柳枝有某种通灵的效果，有招魂的作

---

1. 稠饧：一种厚的饴糖。

用。在关于介子推的传说中，最早就有柳枝出现（“抱柳而死”）。在早期的寒食节的习俗里，也有人们用柳枝给介子推招魂这样的做法，甚至这个做法现在在某些地区还有留存。当然更多的地方还是把柳条插在门上或者戴在头上，起到一个驱除不祥的作用，跟我们端午节所插的艾草的功能其实是比较类似的。

其他的就是一些娱乐活动，包括聚餐以及各种户外活动的春游、放风筝、荡秋千等等。聚餐一般是在祭祀祖先之后，祭祀的供品，大家可以一起把它们分一分然后吃掉，这其实也是我国古代很多祭祀活动通行的一种做法，称为“福余”。按照今天的俗语来说，吃什么其实也不太重要，重要的是跟什么人在一起。于是清明祭祖后的聚餐，也变成了亲族之间加深感情与联系的一个场合。

海外华人的清明节

在 2019 年清明节前后，我在梳理相关文献的时候，无意中看到了一些南洋华人过清明节的记载。南洋华人的清明节，从情感到节俗上跟我们大陆人既有相似，也有些不同，很值得一看。所以在这一部分的最后，跟大家介绍一下。

让我们首先从一个故事讲起吧。

马来西亚马六甲市，三宝山，宝山亭福德祠。

雷雨刚过，空气中尚未散去的闷热与潮湿，提醒着人们，这里是热带。

漫山是星星点点的香火。

老人姓魏，九十多岁了，身体尚算硬朗，身边环绕着子子孙孙，最小的已是第四代。面前的墓碑前，摆放着各色供品，墓碑上书：“考

财美魏公，妣玉柔胡氏”，墓碑两侧有对联：**“日月精英聚，山川秀气钟”**。一家人祭祀完毕，又给周围几座墓碑上了点香火供品，缓缓转身，下山去了。

老人缓步下山，默默地看着身边的儿孙，抬眼是漫山祭祀的同族，山下是异国现代化的城市。脑海中不觉又响起从小听过的那首，在南洋华人群体里流传甚广的《迁流诗》来：**“驿马匆匆过四方，任君随处立纲常。年深异境犹吾境，日久他乡是故乡。”**

“呵，日久他乡是故乡。”

阳光透出云层，映照在老人略显浑浊的眸子里，光影流转，映出的仿佛又是当年那场，波澜壮阔的，下南洋。

• 下南洋：千万人的跨海远征

南洋，是中国明清时期对东南亚一带的统称，地理位置上包括现在的马来西亚、新加坡、菲律宾和印尼等国，而广义的南洋还包含当今的印度、澳大利亚、新西兰以及附近的太平洋诸岛。

中国与这一区域的移民往来，历史相当久远，最早可以追溯到公元1世纪左右。但大规模的移民还是从明末开始，一直到新中国成立这段时间。我们通常所说的下南洋，也就是指这几百年间的移民。据统计，在17世纪到20世纪的300余年中，累计的移民人数超过千万。而这几百年的下南洋，又有两个高潮时期。

第一个高潮出现在明末清初。随着明朝的灭亡，有大量的明军遗部、明朝遗民或因战败，或因生活所迫向南洋迁移。比如马六甲青云亭庙《甲必丹李公博懋勋颂德碑》记载，李为经**“因明季国祚沧桑，航海而南行，悬车此国”**，就属此类。这些移民在进入南洋社会之后，与早先已经生活在南洋的华人结合，以明朝遗民自居，结成相对稳定的华人社团。在当地工作谋生的同时，与故土的反清复明运动也有着千丝万缕的联系。像清初天地会起义失败之后，部分余部流落南洋建立的洪门，就是这类社团的代表。在很长的一段时间内，这些孤悬海外的明朝遗民甚至采用了一个叫“龙飞”的年号，以表达期待前朝再起的希望，同时也是对自己和后代明朝遗民身份的一种强化。

第二个高潮出现在清末民国时期，以外出务工的贫民为主。这一时期的中国国势日衰，战乱频仍，东南沿海大量在故土生活不下去的贫苦人民选择前往海外，谋求一线生机。

下南洋务工潮的起因是在18、19世纪，随着荷兰、英国等国家对南洋的开发，当地存在大量的劳动力缺口。于是这些欧洲的殖民者就把主意打到了中国人身上。他们出台了一系列的优惠政策，包括给予土地、免费的粮食和食盐、临时的房屋等等，吸引中国人前去做工。当时的广东、福建地区地狭人众，同时封建社会末期土地兼并也非常严重，大量底层人民生活十分困难，看到洋人提供了不错的条件，他们就登上了前往南洋的货船。开始的时候，洋人承诺的优惠基本还能落实。但到了后来，随着清政府国势日颓，华工的状况也就每况愈下，最终沦为“猪仔”[1]，备受欺凌。

·他乡与故乡：南洋华人的清明节

大量的华人涌入南洋社会，带去了充足的劳动力的同时，也带去了家乡的文化习俗，清明节就是其中重要的一个。不过，南洋华人的清明节，因为所处的地理环境、社会环境的变化，自然和故乡有了一些不同。

清明最早是二十四节气之一，是一个基于自然环境变化而制定的，主

---

1. 猪仔：清末民国时期，海外对契约华工的蔑称。

要用于指导农业生产的时间节点，本来并没有太多的人文内涵。后来到了唐宋时期，清明节逐渐融合了时间相近的上巳节、寒食节等具有人文内涵的节日，这才有了后世我们熟悉的清明节习俗，包括祭祖、踏青、插柳、寒食等等。至此，清明节正式成为了一个自然内涵和人文内涵相统一的重要节日。

然而，在地处热带的南洋地区，自然环境与中国是大不相同的。这里的气候常年湿热，没有明显的春季。公历的四月初，正是南洋的雨季，暴雨、雷雨时常来袭。同时，作为外来移民的华人，身处异国他乡，面临的社会环境是比较严苛的。当地人的猜忌甚至敌视，使得南洋华人不得不抱团组织在一起，并且始终处于一种比较紧张的生存状态。这样的自然环境和社会环境，使得早期的南洋华人没有精力去进行踏青、插柳等带有娱乐休闲性质的节俗活动。所以，在南洋华人群体中，清明节的很多习俗都逐渐消失，唯一得以保留下来并不断强化的，就是祭祖的习俗了。

南洋华人的清明节祭祖，除了保留了故土的祭祀家族祖先习俗外，还发展出了以宗祠或同乡组织为单位，年年为祭祀与告慰先人而展开的集体扫墓活动。这是南洋华人清明节最有特色的地方。

万里“跨海远征”是极为艰苦的，南洋的重体力劳动环境也非常恶劣。在当时的环境下，一朝远离故土，此生回去的希望都比较渺茫。孤悬海外，一朝身死又无人祭祀，这便成了孤魂野鬼。这样的恐惧可以说缠绕在每一个南洋华人的心头。正是因为存有这样的恐惧，早期的南洋华人社团便制定了公祭和义冢的规矩。所有社团的华人成员，彼此通过结拜的方式形成了拟制血缘亲属，成员的身后事，由社团的全体成员共同解决。不论你是否留下了后代血脉，都可以在身后进入社团的义冢，每年的清明节可以享受到全体社团成员供奉的香火祭祀。

这样的义冢遍布南洋的许多地方。比如前面故事里魏姓老人一家前往的马六甲三宝山义冢，祠堂的《建造祀坛功德碑》上记载，就是为了安顿“骸骨难归”的魂魄。碑文上写到“**先贤故老有祭冢之举，迄今六十余载，然少立祀坛，逐年致祭，常为风雨所阻**”，又提到“**值禁烟令节，片褚不挂，杯酒无供，令人感慨坠泪**”，可见当时建立义冢，就是为了延续故土集体祭冢的习俗。同时，“禁烟令节”也表明，南洋华人其实也延续了故土清明与寒食二节合二为一的习俗。一直到今天，在马来西亚太平市的广东会馆辖下，还有都拜区的广东义山、旧山、新山及岭南古庙后部左侧百年坟场等几处义冢。每年春秋二祭，会馆成员都祭祀不辍。

公祭义冢的习俗延续到今天，依然影响着每一个南洋华人。如今南洋华人清明祭祖，即便是私祭自家祖先，在祭祀之后也会给临近的几座坟墓上点香火。开篇的故事里，描述的就是这样的情形。

·对原乡的渴望

南洋华人的清明祭祀，除了表达对先祖的祭奠之外，从其习俗的产生和发展中，我们还能看出更深层次的东西，那便是对原乡的意识和渴望。

前文说过，早期的南洋移民，多是明军的遗部或明朝遗民。他们以“龙飞”为年号，天然地带有对故土、故朝、故国的情感认同。这样的一种情感认同，是华人群体在海外的天然凝聚力，激励着早期的南洋移民在海外生存、发展，开枝散叶，以求有朝一日能够收复故土。

但是，这样一种基于共同生活体认而形成的情感认同，是有时效性的。当早期的一代、二代移民逐渐老去，当“反清复明”的原始目标已经宣告破灭，如何让生于南洋、长于南洋的后代继续维持这样一种民族认同，在海外保留下华人的“香火”？这便是个大问题了。

韩愈曾说：“**孔子之作《春秋》也，诸侯用夷礼则夷之，进于中国则**

中国之。”就像前文故事里魏姓老人唱的那首《迁流诗》：“**驿马匆匆过四方，任君随处立纲常。年深异境犹吾境，日久他乡是故乡。**”能够使得“他乡是故乡”的，是纲常，也就是“仁义礼智信”这五常。

《论语·学而》中有云：“**入则孝，出则悌，泛爱众，而亲仁。**”孝是仁的根本，对父母祖先的祭祀，是孝的重要表达形式之一。通过清明节的祭祀活动，早期移民的子孙后代和后来的移民，在年复一年的重复的仪式中，在带有某种神圣性的特定时空环境下，反复进行着这种情感的体验和感悟。这种方式，对维系甚至强化华人群体共有的“原乡情感”，维系彼此的民族认同，有着重要的意义。

从明末的第一代下南洋至今，已经三四百年了。如今的南洋华人，早已开枝散叶，遍布东南亚的各个国家，很多甚至在当地已经取得了很高的经济、政治地位。但南洋的华人，始终能够不忘自己的华人身份，说华语、行华俗，并未被当地民族文化所同化。这其中，像清明节这样反复被进行的传统节日活动，是起到了重要的作用的。

回顾南洋华人的清明节，以及背后数百年波澜壮阔的南洋移民历程，不免心生感慨。我们总说民族自豪感、民族认同感，可民族到底是什么？说“想象的共同体”或许极端了些，可对某个对象的情感和认同，不能是凭空产生的吧？民族的认同，是需要某些共同的记忆和情感作为依托的。同时，这些记忆和情感，又是需要一些仪式去反复强化的。

看一看南洋华人的清明节，以及背后延续数百年的原乡意识，这在如何对待我们的传统节日上，或许是个启示吧。

夏

夏季的节气

立夏

立夏为何要祭冰神？你知道多少立夏习俗？

“迎夏之首，末春之垂”，立夏意味着春季的正式结束和夏季的到来，也预示着农作物开始进入生长的旺季，是我国古代非常重要的一个节气。《月令七十二候集解》中这样描述立夏节气的物候：**“一候蝼蝈鸣；二候蚯蚓出；三候王瓜生。”** 蝼蝈，也有叫蝼蛄的，是田间地头常见的一种虫子，蝼蛄在立夏时开始鸣叫，古人认为这是天地间阳气继续上升的表现。与此同时，泥土中的蚯蚓也开始频繁活动，这对于农业耕作自然是有帮助的。至于王瓜，则是一种分布于我国华东、华中和华南地区的葫芦科藤本植物，有清热、生津的功效，也是在这个时节开始生长起来。

立夏这一节气的起源很早，据说可以追溯到先秦时期。在漫长的岁月中，各地也形成了很多别具特色的节气民俗，比较常见的有迎夏、尝新、斗蛋、称人等。而除了这些常见习俗之外，各地还有一些很有地方特色的立夏习俗。比如在我国河北省邢台东部的一些乡村中，立夏这一天却有着“祭冰神”的习俗，可谓“冰火两重天”。而在浙江的杭州，当地人却把立夏这个节气，过成了立夏节，还入选了国家非遗名录。

在夏天为什么要祭祀冰神？立夏作为一个节气，又是怎么被过成节的？下面咱们就来聊聊这两个别具地方特色的立夏习俗。

归来泉石国，日月共溪翁。

夏气重渊底，春光万象中。

——宋·文天祥

“立夏祭冰神”的由来

“立夏祭冰神”这一习俗多见于河北邢台的东部，这一地区也是东汉时期太平道的发源地，至今还保留着比较多的道教民间信仰。冰神祭祀是当地在立夏前后举行的一项传统祭祀活动，已经入选了邢台市的“非物质文化遗产”名录。

据当地村民回忆，冰神祭祀这一习俗已经有两百多年的历史了。据说是因为每年这个时期都会下冰雹，毁坏很多庄稼。后来有个当地的道士去外地化缘，发现那边不下冰雹，原因是当地有立夏前后忌口、不吃荤腥的习俗。道士回来后就把这一做法带了回来，逐渐在邢台东部的农村地区普及开来，并延续至今。

在当地为了每年的冰神祭祀，还联合附近的几个村子建立了专门的组织“龙神会”，在会中保留着每年祭祀时诵读的经文：

> 维用红纸写加封
>
> 中华人民共和国 × 年 × 月 × 时　会首 ××
>
> 谨以牲畜数事致祭于龙神雹神之驾前曰，呜呼天荒流行，何国茂有冰雹，世所不免矣，然亦视其风俗人情之善恶耳，书云作善降之百祥，作不善之百殃，其礼固有不爽者，在昔有明万历年间，上帝玉敕章邱有冰雹之变，而王公�苍，因竭天师得而知之……

经文中提到了明万历的年号，但实际上指的不是当地的冰神祭祀，而是王公筠苍的故事。但不管怎么说，这一习俗在当地延续的时间应该是不短了，而且最初的目的也是为了避免立夏前后这一农耕重要时期的冰雹天灾。

老话有说："雹打一条线，旧道年年串。"也就是说冰雹这种气象灾害的受灾范围往往是相对固定的。气象上把冰雹的这种特性叫作"冰雹线"，意思是受灾区域往往成一个狭长的带状分布。从当地县志记载的气象灾害记录来看，近几十年夏季冰雹线与有着冰神祭祀习俗的乡村的地理位置基本上是能够对应的。

•"立夏祭冰神"的祭祀形式

立夏的冰神祭祀是当地村民自己组织的祭祀活动，参与者也以当地村民为主，并由村民组织"龙神会"负责具体的组织工作。村民们在祭祀活动中分别承担着不同的角色，如：会首，即习俗活动的组织者；礼宾，一共四名，选村民中相对有文化的人担任，礼宾中要有一名主祭，负责主持祭祀和念祭文；花花好，这是当地祭祀习俗中很有特色的一个角色，当地人将礼佛的人称为"花花好"，主要是村里的中老年妇女，这些人也是祭冰神活动的参与主体，主要负责念经、上香、做功（制作有当地特色的一种剪纸）；道士班，当地道教信仰兴盛，村民中多有道士，包括乾道坤道，而祭祀活动的道士班由十三名道士组成，负责完成祭祀活动中的诵经等仪式环节。此外，还有乐队、秧歌队等角色。

具体的祭祀仪式过程从准备期开始算有七天左右，即立夏的前三后四。祭祀在立夏当天，前三天主要是准备工作，包括贴通知、搭棚（神棚）、准备祭祀供品、请神像、贴纸、请河神（龙王）等。按照供品不同，当地的冰神祭祀又分为活祭和面祭，即用活供品或面供品。

•文化、自然与非遗保护

从冰神祭祀的产生和发展来看，是与当地以农业为主的生产环境、处于冰雹线上的地理位置以及联系相对紧密的村社组织结构（龙神会）高度相关的。只要这种生产环境和社会结构不发生大的变化，相应的民俗文化就有其存在的土壤。

同时，类似的村社文化活动，除了是一种表达诉求的祈祷活动之外，由于其长期的存续性和村民的广泛参与性，也逐渐地演变成了当地村民生活的一部分。这种“活”的生活化的民俗，才是“非物质文化遗产”最核心的内容，也是我们真正值得去保护的东西。而同样是立夏，不同的环境和社会组织，就可能诞生出不同的习俗。在与河北环境迥异的杭州，当地人的立夏就很不一样。

杭州半山立夏节

立夏，是二十四节气中的第七个节气。《月令七十二候集解》：“立夏，四月节。立字解见春。夏，假也。物至此时皆假大也。”也就是说，立夏节气意味着春季的结束和夏季的开始。从这天开始，气温开始逐渐回暖，天地万物都进入了一个快速生长的阶段。

传统上来说，二十四节气是与我国古代农业生产密切相关的一套知识体系，也跟我国很多传统节日有着密切的联系。但是，真正以节气来命名的节日，其实是不多的。可在杭州半山，当地人偏偏就把立夏节气过成了节，还得到了官方的认可。

• 杭州地区的立夏节气民俗

要说立夏节，那首先还得从立夏这个节气说起，毕竟节日是不能生造出来的，尤其这种建立在传统节气基础上的节日，其节日的形式必须要有一定的传统作为依凭。如果翻一翻明清时期以及近代浙东地区的地方志，就能发现立夏这个节气，旧时在当地还是很重要的，也有很多特有的节气习俗。这些习俗，应该说构成了后来立夏节节俗内容的主体。我在这里为大家列举几条。

首先是称人。民国时期的《德清县志》载：“**立夏日，群儿最乐，有**

就野煮饭，饭后秤人之举。成人咸赞助之，故权体重不限于儿童。”这就是称人的习俗了，主要是称小孩的体重。这种习俗的来历，据传说是当地人相信，经过这番称重的仪式之后，小孩可以不疰夏[1]。

其次是祭祖和吃立夏茶。嘉庆时期的《余杭县志》记载：“立夏之日，以樱桃、新茶荐祖庙，杂以诸果各相馈遗，谓之立夏茶，乞邻麦为饭，云解疰夏之疾。”立夏时节，民间有用各种时令果蔬祭祀先祖的习俗，此外还有吃“立夏茶”以防止疰夏的习俗。这个立夏茶可不是简单的茶叶，而是混合了“新茶、新笋、朱樱、青梅等物，杂以枝圆枣核诸果”（康熙《杭州府志》）的一种果茶。

再次是做野米饭和乌米饭。民国《乌青镇志》载：“募米拾柴作野灶炊饭，名野火饭，食之云可身健。”《江乡节物诗》又载：“青精饭，食之延年，本道家言。杭人呼为乌饭，亦有制以为糕者，于‘立夏’食之。”也就是说，旧时立夏，浙东地区的人会邻里之间凑些米，在野外支起锅灶煮饭，或者做乌米饭、乌米糕一类的吃食，总之都是为了祈祷夏日的健康。

• 立夏是怎么变成一个节日的

传统的立夏节气民俗为立夏节的建立提供了基本的内容素材，但真正建立为一个节日，还要做很多工作。杭州的立夏节也叫作“半山立夏节”。半山是杭州城北丘陵，本名皋亭山，而半山立夏节的“主会场”就在半山国家森林公园的半山娘娘庙里。

半山立夏节是由以倪爱仁老先生为首的一群当地文化爱好者发起，并在当地政府的支持下逐渐扩大为一个节日的。倪先生是半山当地人，对半

1. 疰夏：中医病症名，以夏季倦怠嗜卧、低热、纳差为主要表现的时行热性病。

山当地的传统民俗一直有着浓厚的兴趣。早在2002年的时候，他就在政府的支持下成立了皋亭文化研究会（在半山娘娘庙内）。2007年，倪先生会同当地的倪氏宗族和一些民间传统文化爱好者，自发举办了第一届半山立夏节。后来，随着立夏节影响的扩大，当地政府也参与到节日活动的组织中来，半山立夏节逐渐成为杭州当地的一个文化品牌。

要说半山立夏节的内容，首先应该说一下活动的场地半山娘娘庙，以及庙里供奉的这位半山娘娘。关于半山娘娘的传说，是杭州当地一个历史悠久的民间传说了。据传说，北宋末年半山地区的一个村子里，有一位倪姓少女。少女15岁那年，金兵南下，康王赵构在南渡的路上经过这个村子。倪姓少女在金兵经过的道路前撒了很多沙子，又用笤帚扬起大量沙尘，使得金兵误以为前面有宋兵列阵，就延缓了追击，康王赵构因此得救。当然，这位倪姓少女后来也被金兵杀害了。后来赵构在临安称帝建立南宋，便封这位少女为“撒沙夫人”，并在半山建庙纪念她。半山当地居民也将这位撒沙夫人称为半山娘娘，千年来娘娘庙几次被毁，但香火一直不断。

建立半山立夏节的倪爱仁老先生，就是半山娘娘的后人，半山地区至今还居住者很多倪姓的宗族。立夏节在半山娘娘庙内举办，最初也是借助娘娘庙庙会的名义，吸引更多的民众前来参与。节日准备过程中的许多义务工作人员，都是半山娘娘的信众，他们相信为这种活动做贡献，是可以有“功德”的。来参加立夏节活动的民众，很多人也会在娘娘庙里上炷香，节气民俗与信仰的力量就这样交融在一起，非常奇妙。

半山立夏节的节日活动，首先一部分就是继承了传统的立夏节气习俗，包括我们前面提到的称人活动、野米饭、立夏茶等，在这里都可以看到。此外，旧时农历五月初一，半山当地有农具会的活动，也移到了立夏节里，办成了农具展销活动。

其次，就是对传统君王的送春迎夏祭祀活动的恢复性展示。不过这些展示并不是完全的复刻古礼，而是结合古礼进行了一些取舍。比如过去祭祀中有些过于血腥的内容就去掉了，一些过于复杂的礼器如大纛旗也做了简化。

再次，就是按照现代人的习惯，结合立夏节气的精神内涵做了一些创新，包括融入了非遗集市、手工艺品交易等内容的半山娘娘庙会，还有比较有意思的跑山迎夏活动。传统立夏的很多习俗，其实都有乞求健康尤其是孩子健康的愿景在里面。到了现在，运动增强体质，再加上半山娘娘庙本来就在半山森林保护区内，也是户外运动的好地方。于是半山立夏节就策划了这么一个新活动。

• 从传统向现代的引渡

随着二十四节气被列入世界非物质文化遗产名录，越来越多的人开始重视对传统节气文化的传承和保护。但在这个传承和保护的过程中，许多人都发现了一个问题，那就是这样一种诞生于传统的农业社会的知识系统和民俗活动，如何在现代社会传承下去？甚至，这样的保护和传承还有没有意义？毕竟，二十四节气在传统社会中，最大的功能其实是指导农业生产，这一功能在今天已经非常薄弱了。对于这个问题，我想半山立夏节可以为我们提供几点有益的思考。

首先，半山立夏节创立了一种普及节气文化的情境。许多传统的节气文化，实际上是在传统的农业生产、生活情境下自然生发而成的。在今天，这种传统的情境已经没有了。那么，通过建立这样的一个节日活动，并引导大众的广泛参与，或许可以产生一种新的情境。我们在半山立夏节的现场，也确实看到很多举家参与的市民，他们面对种种陌生的节日符号，表现出了浓厚的兴趣，想要去了解更多关于立夏节气的知识。

可以想象一下，如果这样的节日活动能够年复一年地举办下去，对于立夏这样一个固定的时间节点，以及在固定节点下有固定的仪式内容，是可以在民众的心目中构建出一种新的认知的。毕竟，所谓的“节日”，从表现形式上来说，不就是“年复一年地在固定的时间做固定的事”吗？

其次，如何将传统节日向现代社会引渡？可能有的读者会说，这样一种新的情境下产生的“立夏节”，还是我们传统的“立夏”吗？我想，这可能牵扯到我们该如何看待“非遗传承”这样一个大的问题。我个人的理解是，我们所看到的某种具体的器物，往往都是物质文化遗产。而非物质文化遗产，实际上是这些物质文化背后，蕴含的那些技艺手法或文化记忆。

回到立夏节的话题，可能我们今天吃的野米饭、乌米饭，制作手法、材料都和古代有了不同；我们今天的称人，也不再严格得像古代那样“秤锤只能向外移，不能向内移，如称得数逢九，要加一斤”；我们今天的“送春迎夏”，已经完全只是一种“表演”。但是，通过这些节日的“符号”，我们依然可以承袭日渐远去的农耕时代的“文化记忆”，因为它们让我们知道了，在这片土地上的我们的先民，在这样的时刻，他们为何又如何去度过。我想，这就够了，不是吗？

小满

小满之后，为何没有大满呢？

小满，是二十四节气中的第八个节气，也是夏季的第二个节气。每年的5月20日或21日，当太阳运行到黄经60度，就是小满节气了。《月令七十二候集解》中这样说：“**小满，四月中。小满者，物至于此小得盈满。**”咱们说的寒来暑往，这叫气候，而鸟语花香之类，叫作物候。所以，小满是一个描述物候的节气，关注的重点不在气，而在物。

和二十四节气中的其他节气一样，小满节气也有属于自己的三候，分别是“**一候苦菜秀；二候靡草死；三候麦秋至**”。“苦菜秀”，是说在小满时节的苦菜已经长得很茂盛了；靡草是指一些枝叶靡细的草类，古人认为这些草类是属阴的，随着孟夏时节的到来，天地间的阳气越来越盛，这些阴属性的草类就逐渐枯萎了；而“麦秋至”的“秋”可不是指秋天，而是指成熟的意思。《礼记·月令》里也有“（孟夏）靡草死，麦秋至”的说法，也就是说到了小满节气，麦子也要成熟了。

为什么叫小满？大满去哪里了？

说起小满这个名字，熟悉二十四节气的读者可能会感到奇怪：有了小满，为什么没有大满？毕竟二十四节气里很多都是成对出现的，有小暑就有大暑，有小雪就有大雪，有小寒也有大寒。那么大满去哪里了？这还得从小满这个节气名称的来历说起。

关于小满节气名称的来历，主要有两种说法：

第一种说法是和农作物的生长状况有关。所谓“**小满，四月中，谓麦**

夜莺啼绿柳，皓月醒长空。

最爱垄头麦，迎风笑落红。

——宋•欧阳修

之气至此方小满，因未熟也”，也就是说麦子的颗粒到这个时候开始变得饱满，但还没有完全长成，所以叫小满。

第二种说法是，小满名称的来历和降水有关。谚语有“小满大满江河满”的说法，也就是说过了小满，降水就开始变得频繁起来。尤其是偏南方的地区，暴雨开始增加，经常是疾风骤雨，甚至有时候会有洪涝灾害。

那么为什么小满之后的节气是芒种，而不是大满呢？其实古人对这件事也挺疑惑的，比如宋代马永卿在《懒真子》里就说：“二十四气其名皆可解，独小满、芒种说者不一。”对这个疑惑，后人也做过分析。实际上，之所以用芒种取代“大满”，主要是和中国古人传统的儒道观念有关系。

《尚书》里有“满招损，谦受益”的说法。在中国古代的传统观念里，极限的圆满其实是不可取的，因为“反者，道之动也”，事情太过圆满了就要向不好的方向转变了。所以，明代郎瑛在《七修类稿》里说：“**夫寒暑以时令言，雪水以天地言，此以‘芒种’易‘大满’者，因时物兼人事以立义也。**”意思就是，用小满和芒种这两个节气，不仅仅是描述寒暑这样的气候，更是将物候和做人的道理结合在一起了。过了小满，气候越来越炎热，却也正是麦子渐熟、稻子插秧的农忙时候。这个时候，小满尚还可以，但要是农民都“大满”了，不愿意下地干活，那就要出事情的。所以，小满的后面，还是叫“芒种”吧。

小满的民俗：浓浓的乡土味

小满是一个和农业生产密切相关的节气，相应的，小满节气的民俗也就有着浓浓的乡土气息。对我这个年龄或者更大的人来说，这些东西或许是很值得怀念的吧。

• 小满的农事习俗

小满时节，北方的麦子接近成熟，所以这个时候很多习俗就和麦子有关。比如在关中地区的农村，到了这个时候有个看麦梢黄的习俗。就是嫁了人的姑娘要回娘家看看，瞧瞧家里的夏收准备得怎么样了，然后问问麦子的长势。当地有个俗语："麦梢黄，女看娘，卸了杠枷，娘看冤家。"

在北方的一些地区，农民在小满时节麦子将熟的时候，会到田地里看麦子的长势，然后就捎回一些半青半黄的麦穗，回家以后就用火烤了，搓掉皮之后把烤麦仁给小孩子吃。烤麦仁焦香扑鼻，也是很多北方朋友童年的美好回忆吧？

此外，和立夏一样，小满节气也有荐新的习俗，就是把一些新收的农作物敬献给祖先，求祖先保佑来年的收成。清代道光间苏州文士顾禄有一本笔记叫作《清嘉录》，里面分十二个月记录了当时苏州地区的一些节令习俗。其中关于小满这段就有荐新的记载：**"岁既获，即播菜麦，至夏初则摘菜薹以为蔬，舂菜子以为油，斩菜萁以为薪，磨麦穗以为面，杂以蚕豆，名曰'春熟'，郡人又谓之小满见三新。"**"三新"大约便是菜薹、菜子油、麦粉馍馍一类的东西吧。

• 小满的祭祀习俗

祭祀是古时候人们对心中美好愿景的一种表达，进而衍生出的一系列仪式。小满节气在夏收之前，在古代的农业社会，这个时候最大的愿景当然就是丰收了。所以，在小满节气前后，也有很多与农业有关的祭祀习俗。

比如在北方的很多地方都会有小满会。小满会是由水神祭祀衍生出来的一种庙会活动，历史有一千多年了。现在的小满会，以河南济源地区的最为出名，还入选了非遗名录。小满会最早是祭祀水神，乞求风调雨顺的。不过这些年随着农业生产形式的变化，对水神的崇拜其实比较淡了，所以现在大家去庙里，除了祈求丰收之外还祈求健康、生子等。既然是庙会，那自然少不了农贸市场和文艺表演。早年间的济源小满会以农具交易为主，现在品类要丰富得多，也吸引了周边洛阳等大城市的商贩前来。

另外，在有些地方还流行着小满祭祀车神的习俗。这个车神可不是现在的汽车，而是古代农业生产中用的水车。在丘陵地区，农业生产取水特别不方便，最早在汉代人们就已经发明了水车的雏形，后来工艺也得到不断改善。因为水车对丘陵地区的农业生产十分重要，逐渐地在当地居民中就产生了对“车神”的崇拜。传说在古时候，人们把车神看作是一条白色的巨龙。每到小满节气，人们就要在水车前摆上酒肉进行祭祀。在祭祀的同时，还要摆上一杯白水，象征着雨水。

除此之外，在古代，耕与织构成了农村主要的两个生产部门，尤其是南方地区，养蚕缫丝更是每家每户都会有的家庭副业。而小满这天，相传是蚕神嫘祖的生日。在江浙地区的很多地方，都会在这一天前往蚕神庙，组织祭祀活动。这其中以绸都盛泽的先蚕祠祭祀最为盛大，甚至在这场祭祀中表演的歌舞都形成了一系列标准的剧目，就叫作“小满戏”。

2017 年的小满时节，在先蚕祠连演了小满戏长达十天之久，上演了越剧《盘夫索夫》选场、《王老虎抢亲》选场、越剧《盘夫索夫》全剧、越剧《葬花》、锡剧《赠塔》《一把铁塔镬》、京剧《苏三起解》等经典剧目，并且当地政府还组织进行了线上的直播活动。

小满这个节气，是二十四节气中比较特殊的一个。除了有传统节气指导农业生产的作用之外，其命名还蕴含着做人的道理。二十四节气是我们重要的非物质文化遗产，但产生自农业社会的二十四节气，如何完成向现代社会的引渡？除了指导农业，二十四节气还有没有其他的意义？或许小满这个节气，能给我们一些启发。

芒种

田家少闲月，五月人倍忙

芒种是二十四节气中的第九个节气，也是夏季的第三个节气。芒种一般在每年的公历6月5日前后，太阳到达黄经75度的时候。《月令七十二候集解》中说：**“芒种，五月节，谓有芒之种谷可稼种矣。”**它代表着麦类等有芒作物的成熟，夏种开始。芒种所对应的三候为：**“一候螳螂生；二候鵙始鸣；三候反舌无声。”**也就是说，在芒种时节，小螳螂破土而出，伯劳鸟开始在枝头名叫，而反舌鸟却不再鸣叫。唐朝诗人白居易在《观刈麦》一诗中也写道：“田家少闲月，五月人倍忙。夜来南风起，小麦覆陇黄。”芒种时节确实是农业生产中的大忙季节。

在我国的传统社会，农业是“天下之大业”，上到天子下到细民，无不对农业的丰收有着深切的期许。这份期许既落实在田间地头的耕耘，同时也会寄托于对神灵的祈祷上。芒种这一天，是夏种大忙的开始，农民们将麦苗种入土地，自然会希望这麦苗能平平安安地长大，到秋天能获得丰收。所以在芒种节气时，从北到南许多农业区都产生了“安苗”的习俗，表达祈求作物幼苗平安的愿景。这其中，以皖南地区绩溪县的相关习俗保存得最为完整鲜活，成了各地安苗习俗的代表。同时，因其相对完整的仪程和较高的知名度，绩溪芒种安苗礼俗被冠以了“安苗节”的名字，也入选了安徽省的非物质文化遗产名录。

绩溪安苗节的民俗

绩溪安苗节据说最早起源于南宋时期。安苗节，顾名思义就是祈盼禾

梅黄时节怯衣单，五月江吴麦秀寒。

香篆吐云生暖热，从教窗外雨漫漫。

——宋·范成大

苗平安，五谷丰登，这是一个祈求丰收的节日。在绩溪当地，流传着一首据说非常古老的民谚：**“芒种端午前，点火夜种田；种田种得苦，图过安苗福。”**表达了当地百姓对丰收的祈愿。

一般来说，既然是节日祭祀，那总要有个主神来祭拜一番的，绩溪安苗节自然也不例外。这里的主神即是汪公。汪公，就是隋末农民领袖汪华，也是徽州历史上的一位名人和伟人。唐武德四年，为保一方平安，他将占据的歙（shè）、杭、宣等六州上表归唐，被封为越国公。汪华为官清正，造福一方，深得百姓爱戴，受到唐太宗及历代皇帝追封，被誉为“生为忠臣，死为明神”，六州各地均立庙祭祀，尊其为汪公菩萨、汪公大帝或花朝老爷。

绩溪安苗节作为以祈求丰收为主题的节日，传统的节俗自然也和农业生产有密切的关系。

首先，祭祀用的各种食物，都是当地村民手工制作的各类面点，其中以“安苗包”最具代表性。安苗包是安苗节前后当地村民制作的一类面点的统称，形状多种多样，有的形似大号的煎饺，也有的会做成各种动物形状的面点，但里面都会填上馅料，比如肉馅、豆腐馅、豆沙馅等等。此外还有一种类似汤圆的子孙馃，圆溜溜的一大一小，非常讨喜。安苗包的褶子很有讲究，一般是 8 个或 12 个，据当地村民说有不同的寓意：“8”与“发”谐音，8 个褶子有祈祷发财的意思；12 个褶子代表 12 个月，一般家里丈夫外出打工，妻子在家包这种包子，祈祷丈夫在外平安，早日回来。不过“发”代表发财的意思，好像是近些年才有的事情，所以这 8 个褶子是不是传统民俗，还有待考究。安苗包除了作为祭祀的祭品之外，在安苗节这一天村里的邻居们还会互相赠送，表达对来年丰收好运的祝福。

其次，安苗节最重要的仪式便是汪公看稻，这是安苗节传统节俗的核心部分。汪公看稻的仪式从游行开始，气派上与许多传统民俗游行类似，也有锣鼓大旗开路。之后两名村里的长者持圣水和柳枝，沿途洒水表示汪公滋养土地，祈祷雨水充沛。汪公的塑像“坐”在四人抬的轿子里，后面有人捧着祭文香烛等物品。再之后就是一同游行的村民。游行从汪氏宗祠出发，一路行往村里的广场祭台。

汪公祭祀由于新中国成立以来中断过一段时间，所以现在的仪程只能说大致按照古礼。鸣炮鸣金，敬献三牲和安苗包，呈上秧苗，再由族长宣读祭文，然后再焚香奏乐。祭祀结束之后，就进入“看稻”的环节了。看稻之前先要祭旗，传统的做法据说是要杀活鸡的，现在没有那么血腥，沾点鸡血在旗子上就可以了。祭旗的时候也有一套文辞：“一类水稻，长势良好；再接再厉，增产不少。二类水稻，加强管理，迎头追上，丰收在望。三类水稻……”这明显是当代的新词。祭旗之后众人就抬着汪公的轿子沿着设定好的路线开始看稻。过去的看稻除了祈求丰收之外，还有着评比的意思在里面，所以才有“一类……”“二类……”的说法吧。

汪公看稻之后，就是村民的各种娱乐项目了，比如舞龙舞狮、插秧比赛等等。能够看出，今天的安苗节的节俗和传统农耕时代肯定有了很多的变化。毕竟过去农业是“天下之大业”，也是每一个农村家庭的安身之本，所以村民们挨家挨户向汪公祈祷丰收，是投入了真情实感的。而到了今天，在很多农村地区，农业都已经不再是农村家庭收入的唯一来源，甚至也不是主要来源了。所以今天的安苗节节俗，不管是在流程上还是在实际的节俗内容上，娱乐、狂欢的色彩都越来越浓厚，反而信仰、祈祷之类的味道越来越淡。这一点在许多类似的农村节庆民俗中都有体现。不过真要说起来，这也未见得是什么坏事。所谓的民俗，本就是由民间生活中演化而来的，生活环境变化了，各种习俗自然也要随着发展。只要日子过得好，一味地抱残守缺坚持着那些“老礼儿”，似乎也没什么必要。

芒种虾皮：东部沿海的芒种特产

对于绩溪这样的农耕区来说，在芒种前后可能是一年中最忙的时候。而对于沿海渔业地区来说，这段时间可能反倒比较清闲。这主要是因为这段时间随着夏季的来临，各种鱼类都开始进入繁衍的高峰，相应的沿海的渔业也进入了休渔期。鱼是不能打了，但小一点的虾米一般没什么问题。同时，由于这个时期虾也进入产卵期，长得特别肥厚，所以芒种节气里，在东南沿海的渔业地区开发出各种由小虾米加工而成的食物。温州地区的“蒲门炊虾”（虾皮）就是其中的代表。

蒲门（今温州苍南马站镇，蒲门是其古称）盛产毛虾，有“中国虾皮之乡”的美誉。据当地人介绍，芒种节气时，毛虾会到岸边来产卵，当地民众捕毛虾焯食，剩余的晒干，这就是蒲门炊虾的开始。作为地方特产比较成规模地制作虾皮，可以追溯到明崇祯年间，历史可谓非常悠久了。从制作工艺上来说，蒲门虾皮分为生皮和熟皮两种。前者是不加食盐直接将毛虾晒干，而后者要经过水煮再加上盐卤后晒干，色泽红润软硬适中，既是下酒的小菜，也可以作为烹饪的提鲜辅料。

在芒种前后，是制作蒲门虾皮的最好时节，在这时制作的虾皮，也被专门称作“芒种虾皮”，是蒲门虾皮中的最上品。因为每年就那么几天时间，所以产量一直不高，价格也比较昂贵。芒种节气里为了产卵，毛虾身体变得肥硕，虾体发红，制作出来的虾皮背至尾带红膏，与一般的虾皮相比，芒种虾皮的味道、钙质含量、营养价值等远远高过后者。

制作虾皮的过程中，往往会有一些零碎的边角料，如虾头、虾壳、虾腿等，当地人将之称为“虾糠”，这些材料虽然不起眼，但本着不浪费的原则，当地渔民还是将之储备起来，并开发出一种下酒佐餐的美食——虾酱。虾酱主要是将小虾、虾糠用腌制法发酵，然后再经研磨而成的一种调味料。虾酱有丰富且利于吸收的钙、脂肪酸等营养成分，也是沿海渔业地区常见的一种调味品。

不同的自然环境导致了不同的生产活动，也产生了不同的节气民俗，这确实是很奇妙的事情。

夏至

到了夏至只是吃凉面吗？各地还有哪些有趣习俗？

夏至是我国传统的二十四节气中的第十个节气，一般时间在公历的6月21日或22日。在这一天里，太阳的高度达到极致，阳光几乎直射北回归线，北半球的白昼最长、夜晚最短，故夏至，又称“日长至”。而南半球的情况则正好相反。俗语有“夏至未来莫道热，冬至未来莫道寒”之说，可见从夏至开始，天气就一天天炎热起来了。

和其他节气一样，夏至也有属于自己的三候，分别是“**一候鹿角解；二候蝉始鸣；三候半夏生**”。这些物候一方面来自古人对自然现象的观察，另一方面其实也渗透了古人的阴阳观念。比如“一候鹿角解”，古人认为鹿角属阳性，夏至是一年中阳气最盛的时刻，这之后阳气就要逐渐衰落，阴气要逐渐上升了。所以夏至之后，鹿角开始脱落。而“蝉始鸣”和“半夏生”也有类似的含义，蝉和半夏都是阴属性，它们感受到阴气的上升，蝉开始鸣叫，植物半夏也开始生长。

夏至是我国二十四节气中最古老的几个节气之一，早在先秦时期，就有“二分二至”（《尚书》）的说法，其中二至即是指夏至和冬至，在当时

杨柳青青江水平，闻郎江上踏歌声。

东边日出西边雨，道是无晴却有晴。

——唐·刘禹锡

也叫作“日永”和“日短”，非常形象。在几千年的时间里，夏至一直是我国从官方到民间都非常重视的一个节气，也发展出了纷繁复杂的岁时节俗。今天，我就来跟大家介绍一下。

夏至的祭祀节俗

夏至作为古代最重要的节气之一，自先秦以来就有着国家主持的祭祀活动。如《周礼》中有“**以夏日至致地示物鬽**（mèi，同魅），**以禬**（guì）**国之凶荒，民之札丧**”的说法。地示即地神，物鬽即百物之神，也就是各种魑魅魍魉。这句话是说，在夏至这天国家要主持祭祀地神和百物之神，从而可以避免国家闹饥荒，老百姓因为瘟疫而死亡。从这句话中我们还可以看出夏至祭祀的两个主要的愿景：农业丰收和免除瘟疫。这两个愿景实际上也是夏至各类节俗产生的主要原因。

夏至的官方祭祀一直持续到清朝。如清人的著作《帝京岁时纪胜》中记载：“**夏至大祀方泽，乃国之大典。**”所谓方泽，即人工挖掘的方形水池。清朝时每逢夏至，都在京城的北郊挖掘方形的水池，举行盛大的祭祀活动。相应的在冬至的时候，要祭天于寰丘，一方一圆，体现了我国古代天圆地方的观念。祭祀的时候当然少不了各种献祭、歌舞等内容，这个历朝历代都有不同，便不详述了。

除了官方主持的祭祀之外，在民间还存在着更为广泛的夏至祭祖习俗。与其他时节比如清明的祭祖不同，由于夏至通常是一季农忙结束的时候，刚刚收获新的农作物，所以夏至的祭祖往往采用“荐新”的形式。也就是将新收获的农作物制成各种食物，作为供品敬献给祖先，一方面请祖先品尝，另外也含有感谢祖先保佑丰收的意思。夏至祭祖的习俗同样传自先秦，如《管子》中就有：“**以春日至始，数九十二日，谓之夏至，而麦熟。天子祀于太宗，其盛以麦。麦者，谷之始也；宗者，族之始也。同族者人，**

殊族者处。皆齐大材……”也就是说，在夏至这天，周天子要主持宗庙祭祀，以新熟的麦子祭祀宗庙祖先。这是一种宗族的祭祀活动，不是同一族的人不能参与，而且需要斋戒，是非常严肃的场合。这一习俗一直传承到今天，如今每逢夏至，在我国很多地区人们还会将新收获的农作物制成各具地方特色的食物，举行祭祖活动。如江苏的苏锡常地区，人们习惯以米麦粥祭祖，或用麦粉调成糊，摊成薄饼烤熟食用，夹以青菜、豆荚、豆腐及腊肉等，称为“夏至饼”。在广东的一些地方会用荔枝祭祖。而在浙江东阳，人们除了祭祀祖先，还要祭祀土地神，将草标插在田间，摆上各类酒肉祭祀，当地人称之为“祭田婆”。

夏至的饮食节俗

说到夏至的饮食，民谚有“冬至饺子夏至面”之说，可见吃面条是夏至最为知名的饮食节俗。实际上，夏至吃面只是我国华北地区的饮食节俗。前引《帝京岁时纪胜》载：“**京师于是日家家俱食冷淘面，即俗说过水面是也，乃都门之美品。**”可见吃凉面这一习俗最早是在北京兴起，后来扩散到了华北的天津、山东等地。

而在我国南方的一些地区，夏至这天与端午一样，是要吃粽子的。这一习俗的起源可要比吃面条早得多了。成书于南北朝时期的《荆楚岁时记》中就有“夏至节日食粽”的记载。而《太平御览》中更有详细的解释说：“**仲夏端午，端，初也。俗重五日与夏至同，先节一日，又以菰叶裹黏米，以粟（果）枣灰汁煮，令熟，节日啖。**”而到了唐朝，在夏至这天除了吃粽子，还流行吃烤鹅。大诗人白居易有《和梦得夏至忆苏州呈卢宾客》一诗，其中就有：“**忆在苏州日，常诣夏至筵。粽香筒竹嫩，炙脆子鹅鲜。**”当然，这也可能是当时江南地区的地方性食俗。

有人以夏至日吃粽子为由，认为端午节源自夏至，这其实是一种不靠谱的说法。其实在我国古代很长一段时间里，端午和夏至作为相邻的两个节日，不同的地方可以说是各有侧重的。大致来说，北方多重端午，而南方多重夏至，所以在节俗上有所交叉也是很正常的事情。

江南地区的夏至饮食差别很大，有吃粽子的，也有吃馄饨的，而最具特色的节日饮食则是“夏至粥”。夏至粥一般是用小麦、蚕豆加糖煮成，也有的地方会加上薏米、莲子、红豆、红枣等各种材料。煮好之后还要相互赠送，也是一种传统的“荐新”的习俗。

而到了两广地区，夏至的食俗就更为奇特了。在这里，每逢夏至流行“烹犬而食”。按当地的说法，夏至吃狗肉有“解疟疾”“辟阴气”“扶阳气”等诸多好处。在吃狗肉的同时，当地人还习惯将狗肉与荔枝同食，或饮荔枝酒，据说有“助阳气”的作用。至今，每年在广西的玉林还都有荔枝狗肉节，非常有名。

夏至的忌讳

农历的五月，在古代被称作“恶月”，是个气候炎热、疫病多发的月份。夏至作为五月份的一个节气，在这种自然环境下也产生了很多忌讳习惯。比如在夏至这天，很多地方都有“不坐门槛”的忌讳，认为坐门槛会导致“疰夏”。疰夏是一种疾病，多见于小儿，是由于夏天持续炎热导致小孩循环系统出现问题，从而发烧的一种疾病。

除此之外，有些地区还有夏至“称人”的习俗。如民国16年《瓜洲续志》记载，当地夏至这天：“男女小孩以秤权轻重，谓之‘秤人’。向各户讨七家茶叶泡给小孩饮，云不疰夏。”这是为了避免小孩疰夏产生的一些习俗。

小暑

来自古代人的避暑攻略，比吹空调好多了

小暑是我国传统二十四节气中的第十一个节气，也是夏季的第五个节气。每年的公历 7 月 7 日前后，当太阳达到黄经 105 度，就到了小暑节气了。关于小暑的气候，《月令七十二候集解》里是这么说的：“一**候温风至；二候蟋蟀居宇；三候鹰始鸷。**”大概的意思就是，过了小暑，凉风已经远去，天地间刮得都是“温风”；蟋蟀还在洞里面壁，雏鹰已经开始练习飞翔。当然，对大多数人来说，小暑的天气没有那么复杂，无非就是一个字：热！

不过说到这个热字，有的读者可能会想到了，二十四节气里，小暑后面不是还有个大暑吗？小暑和大暑，到底哪个更热呢？从字面来看，似乎大暑肯定比小暑热，但实际的情况，还真未必如此！

小暑大暑哪个热？

小暑大暑哪个热？《月令七十二候集解》里面，引用了《说文解字》里的一句话，对小暑是这么解释的：“**暑，热也。就热之中分为大小，月初为小，月中为大，今则热气犹小也。**”就字面的意思来说，似乎是从小暑开始，天气就开始热起来了，到大暑则达到最热的时候。所以民间也有“小暑不算热，大暑三伏天”的说法。

然而，古人的这些经验之谈其实未必准确。要知道，二十四节气是以我国北方黄河流域的气候状况为基础总结出来的一套规律。如果将视野放宽到整个中国，那情况其实会有比较大的区别。尤其是最近这些年，随

倏忽温风至，因循小暑来。

竹喧先觉雨，山暗已闻雷。

——唐·元稹

着城市建设和工业的发展，实际上气温和相应的规律都是有一些变化的。

宋英杰老师在他的《二十四节气志》里提供了这么一组数据，统计了从1981年至2010年，全国以及部分地区在小暑期间（7月7日至7月21日）和大暑期间（7月22日至8月6日）的平均温度。以全国来说，在统计周期内，小暑期间全国平均气温为24.9摄氏度，大暑为25.1摄氏度，这么看来似乎大暑要更热一点，但区别也不太大。但具体到地方就又不一样，比如北京地区，小暑的平均最高温度是31.4摄氏度，大暑为31.2摄氏度；而南京地区，小暑的平均最高温度是32.1摄氏度，大暑是33.2摄氏度。可见在北京地区小暑要略胜一筹，而在南京地区大暑则完胜小暑。

所以说，如果从全国的天气情况来看，大暑的平均温度确实很高，可小暑……其实也不算“小”了，二者算是个“没大没小”的关系吧。

诗画里的古人的避暑良方

对于今天的人们来说，每年的这个季节，基本上就是“无空调，毋宁死”的节奏了。那么，在没有空调的古代，人们在三伏天就不活了吗？显然不是这样。传世的古诗古画里，其实就留着不少古代人消夏避暑的方法呢。

《明词汇编》里有一首词，其中有这么几句：

> 小暑啜瓜瓤。粗葛衣裳。炎蒸窗牖气初刚。
>
> 无计遣兹长昼也，茗碗炉香。

古人怎样度过盛夏的漫长白天呢？焚香煮茗自带一股静气，再捧上个西瓜，如果西瓜是在井水里冰过的，那也是挺美的事儿吧。说起来，这西瓜确实是古代的消暑“神器”。西瓜在我们国家的历史也挺长了，最早在汉代的壁画里就出现过西瓜的形象。而夏天，也正是西瓜大规模上市的日子。记得小时候过夏天，西瓜几毛钱一斤，家中都是以麻袋储备西瓜。不过这几年西瓜也是越来越贵，不知道以后会不会有人感慨“西瓜自由”。

除了吃瓜，更直接的降温那还得是用到冰块了。清代乔远炳有一首《夏日》，里面有这么两句：

眠摊蕫箪千纹滑，座接花茵一院香。

雪藕冰桃情自适，无烦珍重碧筒尝。

炎炎夏日，往凉席上一躺，看着满院繁花，吃着冰镇的水果，再来杯小酒，这夏日也不是那么难熬。其实在我国古代，冬季的时候储存冰块，留待夏季的时候使用，这是有悠久历史的。早在先秦时期，宫廷里就有一种叫作冰鉴的东西，用来盛放冰块，给食物饮品降温，可以说是古代的冰箱了。当然冰块要在冬天的时候凿出来放到冰室里，所以《诗经》里有“二之日凿冰冲冲，三之日纳于凌阴”的句子。

最早的时候，夏日里用冰是贵族的专属，盛夏赐冰还被认为是帝王礼遇臣子的做法呢。不过，后来这些东西已经普及到了民间。在明清繁华的市井中，盛夏时节也有加冰的冷饮出售，价格并不太高，一般市民家庭的孩子，也能来上一碗了。

除了这些物理降温的方法之外，其实对古人，尤其是古代的文化人来说，更强调的可能还是个心境的问题。大诗人陆游在《夏日》一诗里就有这么两句：

暑用酒逃犹有待，热凭静胜更无方。

空斋一榻翛然卧，闲看衣篝起篆香。

所谓心静自然凉，大抵也就是这么个意思了。

除了这些诗词，传世的古画里，也给我们留下了古人消夏更直观的画面。比如宋代的《槐荫消夏图》，画中人袒胸露背卧于榻上，身后一面大屏风，旁边小几上放着书卷香炉，也是一幅挺惬意的形象。

小暑的民俗与保健

传统的二十四节气主要的功能是指导农业生产，所以许多与节气相关的民俗都与农事有关。同时，古人可没有现在这么多的降温设备，闷热难当的伏日是非常难熬的，所以也有一部分习俗会跟防暑降温相关。

首先说说农事方面的习俗。在大部分的农耕区，经过农历五月的抢收抢种之后，六月份的农事主要是各种田间管理的工作。有农谚说："夏播作物间定苗，追肥治虫狠锄田。春苗中耕带培土，防治病虫严把关。"大致体现了这个时期农业生产活动的内容。这些田间管理活动，一方面劳动强度相对降低，另一方面在每天伺候庄稼的过程中，也饱含着农民对秋季丰收的渴望。所以，祈祷丰收就成了小暑农事民俗中的主要内容。

在我国很多的农耕区，过去都有小暑食新和祭祖的习俗。食新是将新打的米、麦等磨成粉，制成各种面饼、面条或者炒面等，乡里乡亲分享来吃，表达对丰收的一种祈愿。同时，这些新货也要准备一份献给祖先，在祭祀祖先的同时，恳请祖先保佑风调雨顺。

而为了应对小暑之后日益炎热的天气，先民们也有一些约定俗成的做法。一种是"市冰"。前文说过，古代的夏天其实也是有制冰、储冰的办法的，也能制作一些消夏的冷饮，这些冷饮自然是应对炎夏的好办法。但冷饮总是要花钱买，有没有不花钱的办法呢？那就只有尽量减少运动了。小暑前后有一些民间流行的活动，这些活动无一例外都是以"静"为主的，少运动、少出汗，这是应对酷暑最朴素的办法。比如有些地方在这个季节流行的对弈、钓鱼等活动。找个阴凉的地方下棋或者钓鱼，既可以减少消耗，另一方面这些活动也有静心的作用。“心静自然凉”，体现了古人在艰苦环境下的生活智慧。

中国古代讲究“食药同源”，在特定的时节，通过食用一些特定的食物可以起到养生祛病的功效。小暑之后很快就要入伏，为了应对酷夏的炎热，民间也总结出一些有针对性的食品。

炎炎夏日，一般人都会感觉自己的状态蔫蔫的，胃口不好。所以这个时候的饮食，要多选清淡的食物，食材要侧重健脾、消暑、祛湿等功效。在我国很多地方，有“小暑吃藕”的习俗。据说这个习俗源自清朝咸丰年间，藕一方面与“偶”谐音，有成双成对、和和美美的寓意，另外在文人墨客笔下，藕也因出淤泥而不染被赋予了高洁的品行。而从食物本身来说，藕也有健脾开胃的作用，适合夏天食用。

除了吃藕之外，在南方的一些地区，小暑前后是吃黄鳝的好时节，有着“小暑黄鳝赛人参”的说法。黄鳝作为食品，按中医的说法有着祛湿、滋补的功效，而小暑前后正是黄鳝最为肥美的时候，确实也很适合食用。

此外，炎炎夏日，急需补水。所以一些水分充足的水果，特别适合小暑前后食用。比如西瓜和西红柿，都是特别适合的选择。可以将这两种水果去皮、去籽之后混在一起，压榨成果汁饮用。西瓜是特别好的消暑补水的水果，中医中有一个消暑的名方叫“白虎汤”，而西瓜因为有同样的功效，也有着“天生白虎汤”的美誉。西红柿则能生津止渴，对于夏季口渴烦躁、消化不良等热症有很好的效果。

总之，虽说小暑大暑哪个更热尚有争议，但总归小暑一过，盛夏就要来了。今天的人除了吹空调、吃冷饮，似乎对防暑降温也没什么更好的办法。但看看古人，除了物理的降温方式之外，似乎更强调一种心境的平和。

在今天这种日益快节奏的都市生活里，强求我们像古人一样慢下来、静下来，甚至躺下来，似乎也不现实。不过在炎炎夏日里，大家还是适当地缓一缓吧，或许会有不一样的感受呢？

大暑

平分天四序，最苦是炎蒸

大暑是传统二十四节气中的第十二个节气。这一天，太阳的高度达到黄经 120 度。古人说："大暑乃炎热之极也。"一个"极"字，概括了这一节气热的程度。有数据指出，全国 23 个省会城市中，一年中的极端高温纪录有 12 个出自大暑这一天，是出现频率最高的。虽然前面在小暑的部分讲过，就各地的具体情况而论，大暑小暑哪个更热并不一定。但如果统计全国的总体情况，这大暑确实可谓是全国的高温天气"冠军"了。

大暑有三候

大暑的三候分别是：**"一候腐草为萤；二候土润溽暑；三候大雨时行。"**

"一候腐草为萤"，其字面的意思就是草木腐败之后就化成了萤火虫。这当然是古人因为搞不清楚萤火虫的来历而想象附会出来的事情。不过，萤火虫确实是大暑时节中的标志性动物之一。古人有"**轻罗小扇扑流萤**"的诗句，描绘了大暑时节少女们扑虫嬉戏的画面。可惜随着城市的过快扩张，已经很少见到萤火虫了。

"二候土润溽暑"。溽暑，特指湿热的天气。大暑的热往往不单纯是太阳直射的干热，而是我们通常说的"闷热"。民间有"大暑到，树气冒"

蕲竹能吟水底龙，玉人应在月明中。

何时为洗秋空热，散作霜天落叶风。

——宋·黄庭坚

的俗语，湿气蒸腾再加上太阳照射，难怪有“大暑小暑，上蒸下煮”之说。

“三候大雨时行”。这自然是说在大暑前后，容易出现强对流的雷雨天气。北方的朋友对这一点应该不陌生，每年盛夏时节，朋友圈里总有北京、山东等地关于暴雨的照片刷屏。

不论是湿热的天气，还是倏忽而来的暴雨，对生活在这片土地上的我们无疑都是很难受的事情。不过这样的天气，对农作物来说可能倒是好事。所以过去会有“六月宜热，于田有益”“夏末一阵雨，赛过万斛珠”的一些农谚。可见在农业社会里，判断天气好不好的依据主要是对农事的影响，而对人的感受实际是不太考虑的，这也是农业社会特有的价值观念吧。

大暑的民俗

大暑时节的天气，一方面给生活在这片土地上的人带来了湿热蒸腾的体验，另一方面又对农事和农业的收成有着重要的影响。所以长久以来，人们在大暑前后也就逐渐形成了两个方面的岁时节俗，其一自然集中于防暑降温，其二就是各种对丰收的祈祷与祭祀。此外，在一些傍水而居的地方，气温相对来说不太炎热，所以就有一些特色的出游活动，最典型的便是“赏荷”。

• 大暑的祭祀民俗

大暑之后便是立秋，已经接近收获的季节了。经过了漫长而辛苦的劳作，农民们在这个时候当然是对丰收有着满满的期盼的。所以大暑节气前后，各地有很多以祈祷丰收为主要目的的祭祀活动。

在浙江台州地区，在大暑这天就有送“大暑船”的习俗，据说已经有几百年的历史了。这个大暑船是按照旧时候帆船的模样缩小建造的，上面画有各种图案，非常漂亮。船上装满了各种祭品，祭祀的时候要由 50 多个村民抬到码头上，大家一起进行祭祀祈愿仪式之后，将船下海烧掉，以此来祈愿秋日的丰收。

除了“大暑船”这种有地方特色的祭祀活动，更多的地方还是比较常规的尝新并祭祀祖先以求保佑。将夏收的作物做成各种食品，如面、饼等，乡里乡亲互相赠送，并将新的收获敬奉给祖先，以求祖先的庇佑。

·大暑的防暑民俗

大暑是一年里最热的时候，一直以来都有“苦夏”之说。暑气弥漫、热气蒸腾，对老人、孩子以及常年户外耕作的人们来说，很容易得各种“热病”。在古代没有今天这么多高科技的降温手段，但先民是很聪明的，他们在长期的实践中也总结了很多防暑降温的法子，有一些逐渐形成民俗并流传到了今天。

首先，从南到北许多地方都有大暑吃羊肉的习俗。比如山东不少地方在大暑这天有“喝暑羊”的习俗，也就是喝羊肉汤。羊肉属温热，但当地人认为在羊肉汤里放上辣椒、蒜等调料喝下去，出一身大汗，可以带走体内的毒素和积热，有利于健康。此外，福建莆田也有“过大暑”的习俗，要吃荔枝、羊肉和米糟。

其次，广东很多地方有大暑“吃仙草”的习俗。这个仙草可不是神仙吃的，它实际上是一种食药两用的植物，可以用来制作凉粉，有很好的消暑功效，所以被当地人称作“仙草”。当地民谚还有**“六月大暑吃仙草，活如神仙不会老”**的说法呢！这种“仙草”的茎叶晒干后可以做成一种叫“烧仙草”的凉粉，是很好的消暑降温甜品，至今在全国各地的奶茶店里都很常见。

再次，由于暑天容易伤津耗气，所以也可以吃一些生津补气的药粥来调养身体，比如绿豆南瓜粥、苦瓜菊花粥等，或者在粥里放点新鲜的薄荷、藿香等。李时珍就特别推崇药粥养生，他认为**“每日起食粥一大碗……**

与肠胃相得，最为饮食之妙诀也”。不过这药粥毕竟是药，具体怎么吃，用什么方子，这还得根据每个人的体质来决定，最好还是咨询一下医生。

·大暑的出行民俗

大暑期间天气炎热，一般来说除了必须外出劳动的人，其他人还是以少运动为主。不过农历六月正是荷花盛开的季节，所以也有一些靠水而居的地方会有赏荷花的民俗，算是炎炎夏日不多见的出行民俗了。

比如在江浙一带，有农历六月二十四为“荷花生日”的说法，在这一天前后一段时间，人们经常会结伴游湖赏荷。当然这个季节也经常会有雷雨，若出行遇雨，那可能就比较狼狈了。所以当地也有“赤足荷花荡”的戏称，不过在大夏天淋点雨也不见得是什么大事，反倒别有一番趣味吧。而在北方一些地区，荷花开放可能更早一些，比如河南河北的一些地方，赏荷从六月六就开始了，到仲秋才结束。

关于大暑节气的气候和民俗，大致就是如此了。炎炎夏日，希望大家都能有个平和的心情吧，毕竟心静自然凉。

夏季的传统节日

来自古印度的佛祖，如何过上了“中国风”的生日？

灵辰浴佛来随喜，呗响钟声礼法王。

忏悔十年除慧业，通灵一瓣热心香。

——清·许南英

农历四月初八，据传说是佛祖释迦牟尼的生日。我们都知道佛教产生于古印度，大约东汉时期传入中国，很快在中国落地生根，并且在漫长的历史时期内与中国本土的儒、道等传统文化和宗教彼此影响融合，最终也成为我们传统文化的一部分。佛教有很多宗教节日，佛诞节是比较重要的一个。不过佛诞节传承至今天，它的仪式、内涵除了原本的宗教意义之外，也多了很多我们本土化、世俗化的东西。来自古印度的佛祖，终于还是过上了“中国风”的生日。

佛诞节的历史

据佛教传说，佛祖释迦牟尼诞生于公元前 623 年的农历四月初八，佛祖的诞生引来了天地异象，有天女散花奏乐、九龙吐水给佛祖浴身等等。后来东汉年间佛教传入中国，到汉末已经有了相当数量的信众，佛诞节的习俗也随着宗教传播流传开来。史籍中的佛诞节记载，最早源自三国时期陶谦的手下笮融，他曾在治下广兴佛寺，组织庆祝佛诞，不过史籍中并没有留下具体的日期。到魏晋南北朝时期，开始有明确的四月八日佛诞节的记载，比如《荆楚岁时记》中记载：**“四月八日，诸寺设斋以五色香水浴佛，共作龙华会。”**这句话也反映了早期佛诞节的基本习俗就是浴佛，基本的形式就是模拟佛祖诞生时九龙吐水的传说，先为佛祖塑金身，然后放在九龙的铜盘或者九层铜盘里，再用各种香料、花瓣泡制成的水给佛祖金身沐浴。

佛诞节的大规模兴盛时期，还要到宋元以后，一直到明清时期。佛诞节浴佛等习俗，已经不仅仅是寺庙僧众的仪式，而是逐步扩散到更广泛的信众群体，甚至有很多习俗走出寺庙，扩散到了居民的生活社区里。这个过程中产生了很多的习俗，有一些甚至逐渐脱离了和宗教的关系。下面咱们就分别来说一说。

佛诞节的宗教节俗

• 浴佛

浴佛，也就是给佛的塑像沐浴，这是佛诞节最早的习俗，也是最典型的习俗，所以有些地方也直接将佛诞节称作“浴佛节”。传说佛祖诞生的时候有天女散花、九龙吐水等天地异象，所以浴佛的习俗也大抵都是对这种传说场景的再现。

具体浴佛的做法，不同历史时期和不同的地域都有细节上的差异，但大概的流程一般是提前用各种香料、花瓣配好多种不同香型的水，仪式开始后请出佛祖的塑像，塑像坐于铜盆之上，将水舀起给塑像沐浴。对于善男信女来说，浴佛的水是有“法力”的，喝下去有能够治病、实现愿望等种种好处。所以每年的佛诞节，各大寺庙总有很多信众前往参与，希望能喝到浴佛水。而宋代以后，有些擅于经营的寺院也提供送货上门的服务。

据宋代周密的《武林旧事》记载，当时有些寺庙每到佛诞节，**“僧尼辈竞以小盆贮铜像，浸以糖水，覆以花棚，铙钹交迎，遍往邸第富室，以小杓浇灌，以求施利。”**也就是僧人端着一个个铜盆佛像，敲锣打鼓地送到富户的家里。

·结缘

中国人相信缘分，佛教有轮回、因果等理论，也倡导信众与人为善，普结善缘。在佛诞节这样一个佛教节日中，也有结善缘的习俗，具体的做法很有意思。清代的时候，佛教的僧俗信众在平日里念佛的时候，有用豆子计数的习惯，每念一声佛号，就数一颗豆子。这些豆子数完了不会丢掉，而是攒起来，到了每年的佛诞节，就用盐水煮豆子，并将煮好的豆子分给别人，这就算是结下了善缘。而在一些大的寺庙里，每年佛诞节的时候也会专门煮一批豆子，像施粥一般分给所有来参加节日活动的善男信女。

·吃斋

一般人们把信佛的人吃的素食叫斋饭，但佛诞节期间的吃斋与一般的斋饭有所不同，反倒是有些像寺院僧人主持的“众筹”活动。一般寺院在佛诞节前的三月底就开始张罗，在四月初八这天选一家当地的饭馆，寺院的僧人主持请善男信女前往吃斋，这种活动也叫作“善会”，参加的善男信女们就被称作“善台”。可以想见，这“善会”不是免费的，要缴纳一定的“会印钱”。而斋饭的席面也不是僧众平日里的素斋，而是俗家人的饭食，有酒有肉的那种。

当然，除了这种“善会”之外，也确实有一些佛诞节的节俗食品，比如明朝的时候，佛诞节时寺内流行吃乌米饭，朝廷要赏赐群臣“不落夹”。这“不落夹”是蒙语，实际上是一种类似粽子的食物，到明嘉靖年间，又换成了佛诞节赏赐麦饼。据说这种吃乌米饭的习俗，在今天的部分地区还保留着，俗信认为可以避灾免病。

• 放生

佛教忌杀生，按照佛教的理论，放生是一种功德，而在佛陀诞生日的放生，被善男信女们认为是更大的功德。所以早在宋朝时，佛诞节就有了放生的习俗。比如《武林旧事》里就记载，南宋杭州城里，每年四月初八佛诞节，西湖上会举行放生大会。湖畔有很多贩卖小鱼小龟的摊贩，游人信众们纷纷购买后再到西湖里放生，这被认为是大功德。发展到后来，也有到寺庙里面进行放生的，有条件的寺庙就修放生池，空间紧张的就放生麻雀之类的鸟类。

• 剧演

说起宗教节日，最初大抵都是虔诚且庄严的，但发展到后来就难免有越来越多的商业或娱乐性的内容加入其中。道教的庙会如此，佛教的佛诞节也是这样。大约从清代开始，在地方志中出现了很多佛诞节剧演的习俗记录。在室外搭台唱戏，这在古代社会是为数不多的普通人都能参与的公众娱乐活动。有地方志记载，当时“**邑人少长咸集，欢歌饮于其处**”，可见还是非常热闹的。

不过佛诞节毕竟是宗教节日，即便是剧演，演出的剧目也通常都是和佛教有关的应景内容，比如清宫档案里记载，清宫内部四月初八的演出剧目就有《佛化金神》《六祖讲经》《光开宝座》等等。清代佛诞节剧演的戏台，一般都搭在正对寺庙山门的地方。正式开演之前，要由戏班子的演员先到寺庙里拜佛，称为“请神”。从一些遗留至今的习俗来看，有的地方要由戏班子的演员扮成皇帝、皇后和状元，先进殿拜佛。登台之后，演员要先面向神殿方向唱一段戏，称为“唱神戏”，在这之后才能正式开始表演节目。

从宗教节日到世俗空间

佛诞节最初是一个宗教节日，但后来在漫长的发展过程中，逐渐地开始世俗化，这也是中国许多宗教节日共同的发展趋势。以佛诞节来说，这种世俗化在前述诸多节俗的变化过程中都有着清晰的体现。

比如浴佛最早是在寺庙中进行的仪式，后来针对富贵人家，也提供了“送货上门”的服务；再比如收取“会印钱”的斋饭，这些都体现出宗教活动逐渐开始商业化了。而佛诞节的剧演活动，娱乐性更是非常明显。早期的剧演在剧目上还保留了一定的宗教色彩。但据学者田野调查，在一些至今还保留着四月初八剧演习俗的地方，表演的剧目也已经悄然换成了更通俗的项目，和宗教没有什么关系了。

另外，提到佛诞节的世俗化，就不能不提到佛诞节的庙会。庙会是民众一个重要的公共休闲、消费活动，在古代社会尤其如此。节日带来大量的人群聚集，自然也带来商机，所以许多传统节日都有庙会，佛诞节也是这样。宋代文献《东京梦华录》里就记载，北宋汴梁相国寺在佛诞节时就有巨大的庙会，从刀剑、点心到书籍、字画等各种商品都有销售。四月初八的庙会习俗一直到今天，在一些村镇中还有留存，比如河南南阳下面的一些村镇。但当学者实地走访的时候却发现，当地村民虽然延续着四月初八庙会的习俗，但多数人已经不清楚这庙会与佛教的关系了，宗教节日已经完全地融入了世俗之中。

你以为端午节只是吃粽子吗？花式端午节俗了解一下

竞渡深悲千载冤，忠魂一去讵能还。

国亡身殒今何有，只留离骚在世间。

——宋·张耒

每年农历的五月初五，是中国的传统节日端午节。要说现在提到端午的民俗，可能很多人能够想到的也就是吃粽子，或许还有划龙舟吧？而且现在网上都将端午节叫作“粽子节”呢。实际上，端午节作为我国历史最悠久的民间节日之一（其历史可以追溯到先秦时期），从传统上来说是有着非常丰富的节俗内容的。这些年也不独是端午，很多传统节俗都在逐渐地式微。这其中的原因很复杂，有人们生活方式改变的缘故，也有着宣传和保护方面的问题。但总之，传统节俗的流失是一件很可惜的事情。所以在这里，就跟大家一起来整理一下，看看除了粽子、龙舟之外，还有哪些有趣的端午民俗，也算是对传统文化的一种记录。

端午节的避瘟保健习俗

说到端午节的起源，有很多种不同的说法，诸如祭祀先民、图腾崇拜等等。但不论哪一种说法都不能忽视的一点是，端午作为一种节日的兴起，与当时的自然环境和生产状况有着密切的关系。毕竟所谓民俗，首先是从民间的生产生活中萌芽的。而端午节所在的五月，在我们先民的那个年代，无疑不是什么“好日子”：一方面在农耕地区，这个时期在很多地方都正处于农忙的高峰期，劳动强度非常大；另一方面，这个时间开始进入一年中最为炎热的时期，高温本就难耐，再加上蚊虫叮咬疫病的频发，所以在先民的记忆里，五月可不是什么美好时光。故农历的五月，在过去也有“恶月”的称呼，而端午这天（五月初五）被认为是阴阳交感，是恶月中最糟糕的“五毒日”。所以在端午的各种节俗中，避瘟保健的内容实际占了很大一部分。这些节俗有很多流传到了今天，不过其背后的内涵已经悄然改变，毕竟避瘟保健这种事情，对先民来说是有着切身需求的，而对今天的我们来说，更多的是一种基于传统的文化记忆。这也是为什么很多端午节的保健习俗在今天不太出名的重要原因。

说到端午的保健习俗，首先就是对各种植物和矿产的应用了，毕竟这是先民们在日常生产生活中最容易入手的保健材料。这些植物包括雄黄、艾草、菖蒲等，此外在一些地区还有葫芦、葛藤等植物的应用。

这些植物、矿产的使用方式是多种多样的。比如雄黄，最著名的当属雄黄酒了，先民认为雄黄酒有解瘟疫、驱五毒的功效。《白蛇传》里面的白娘子就是因为喝了雄黄酒才现出原形的，这也成了关于雄黄酒最著名的民间传说。

而对于艾草、菖蒲等植物，最常见的做法则是将它们插在门窗上。这些植物通常都有着比较刺激性的气味，被认为可以起到驱蚊祛毒的作用。同时，人们也会将这些植物做成各种可以随身携带的手工艺品，比如各种香包以及艾虎、艾人等等，这些手工艺品的制作工艺本身，在一些地方也成了重要的非物质文化遗产。

此外，对于雄黄、艾草等物的使用，在不同的地区还有一些地方性的习俗。比如有些地方会将雄黄、艾草等物一起熬煮，用汁液涂抹在小孩子的额头、手心、鼻翼或身体的其他部位；还有的地方会用艾草、菖蒲等植物煮水，为小孩擦拭身体，以期能够起到驱除蚊虫的作用。

除了这些矿产和植物之外，还有一些服饰方面的风俗也体现了人们对避瘟保健的愿景。其中五色绳是端午民俗中最常出现的“节日元素”，很多饰品都是用五色绳捆绑的。比如在今天北方的一些地区，在端午节这天会有给小孩子穿黄色五毒衣、五毒鞋，系“老虎褡裢”，这老虎褡裢就是一种用塞满艾草等各种植物的小香包、布老虎等物以五色绳串起来的手工艺品。也有些地方有在端午节戴五色手链、长命锁等饰物的习惯。

当然，说到祛病，首要的还是各种药材。所以在端午这天，很多地方都有采药的习俗。端午采药必须在午时午日，也就是在端午这天的正中午，太阳最毒的时候。大约是觉得这个时候阳气最盛，采来的草药效果最好吧。端午采药的习俗甚至传到了海外。比如在今天的越南地区，在端午当天正午采药就是重要的习俗，当地人认为这个时候采的草药晒干后，对治疗外感风寒、阴虚等效果特别好；而日本地区则将端午采药称为“药狩”，也是当地端午节的一个固定项目。还有人在端午这天集中捕猎蟾蜍，提取蟾酥作为治疗天花的药物，所以北京俗谚有“癞蛤蟆活不过五月五”的说法。

端午节的家庭人伦习俗

祈盼家人之间的关系和睦、强化血缘之间的联系，这是许多中国传统节日中都有的一种要素，端午节作为我国传统中最重要的节日之一，自然也有着这方面的风俗。对祖先的追思与尊重，是我国传统家庭关系中的重要内容。所以在许多的节日民俗中，都有着祭祀先人的风俗，端午节同样也有。不过，关于家庭人伦方面，端午节还有着更具特色的节俗内容，那就是对家庭中的女性，特别是未成年女性的各种关照。

端午节这天，在我国部分地区的女性有戴石榴花的习俗，据说有辟邪的作用。而在明代的北京地区，在端午节这天要把家中的女儿打扮得漂漂亮亮的，再带上石榴花簪子，故端午节也有“女儿节”的别称。清末民初在北京最为流行的唱本《百本张岔曲》中写出老北京端午节和女儿节的概貌：**“五月端午节街前卖神符，女儿节令把雄黄酒沽，樱桃、桑堪、粽子、五毒，一朵朵似火榴花开瑞树，一枝枝艾叶菖蒲悬门户，孩子们头上写个‘王’老虎，姑娘们鬓边斜簪五色绫蝠。”**而在南方的一些地区，端午这天也是出嫁的姑娘回娘家的日子，有些地方还要带上未成年的孩子。

端午节对女儿的关注也传到了海外，比如日本的鹿儿岛地区，在端午这天母亲要背着不满一岁的女儿跳被称作“幼女祭”的圆圈舞；朝鲜地区也有将端午节称为“女儿节”的习俗，这一天也同样是出嫁女儿归宁的日子。

除了对家中女性的关照之外，传统的端午习俗中还有一种已经失传的节俗：吃枭羹。枭是一种和猫头鹰类似的鸟类，相传这种鸟在长成之后要吃掉养育自己的雌鸟，故被先人们称作“不孝鸟”。所以一直到明清时期，每年端午节都有枭被捕捉并制成羹来吃的习俗，吃“不孝鸟”成了人们表达对“不孝”这种行为的痛恨的一种仪式。当然，据现代动物学家研究，这纯粹是一种传说，枭形目的鸟类并没有食母的习惯。近代以来，或许是因为枭这种鸟本就不太常见，枭羹这种食物也就慢慢地消失在了历史的长河中。

侗族的“粽子节”

现在将端午节叫作“粽子节”，这当然是一种戏称。但是你知道吗，在我国西南侗族聚居的一些地方，真的有一个叫作“粽子节”的节日。这个“粽子节”虽然与我们汉族的端午节一样都吃粽子，但在其他的节日要素上却有很大差别。

汉族的端午节是在农历的五月初五。而侗族的粽子节，日期却不是固定的，而是选在每年农历五月插秧结束的一个吉日过节，甚至一片区域内不同的村落，日期可能都不一致，要看各自农活的进度。具体这个吉日是哪一天，要由村里的老者们商议决定。

既然节日名为“粽子节”，那么自然是要吃粽子的。在节日前后，准备包粽子的各种材料和包粽子的过程，是节日的重要内容。不过这侗族粽子节的粽子，和咱们端午节的粽子也不大一样，除了常见的三角粽之外，还有当地独特的柱子粽、双对粽等。而且，粽子的大小差别很大，小的有几两一个，大的能有十几斤。

牛肉也是侗族粽子节必不可少的食物，而且做法与汉族差别很大，很有民族风情。他们吃牛肉不剥皮，而是用火将牛毛烧掉，然后连皮带肉一起炖煮。在当地还有一种叫“牛瘪”的食物，也非常有民族特色。同时，在饮酒方面，咱们端午节常见的雄黄酒、菖蒲酒都不见踪影，取而代之的是当地人自己酿的一种米酒，可谓别具风味。

汉族过端午节的时候，常见的一些节俗活动比如插柳、赛龙舟等等，这些在侗族的粽子节中都见不到，取而代之的是当地一些别具特色的节俗活动，如吹芦笙、对歌、斗牛等，此外还有邻里之间的拜访、邻村之间的相互拜访等等。这种互访活动很是隆重，无论是主寨还是客寨，男女老少都着民族盛装、吹芦笙、唱侗歌等。这种浓浓的人情味，在今天越来越快节奏的城市社会中，真可谓久违了。

除了以上这些活动，侗族粽子节还有一项比较有趣的活动就是给准新娘和新生儿送粽子。谁家姑娘要出嫁，或者谁家添了宝宝，都要送粽子表示祝贺。虽然会给准新娘和新生儿送粽子，但各自的含义却有不同。给准新娘送粽子，这属于当地婚俗的一部分：在粽子节这天，由准新郎家的妇女和一位年龄相仿的男子，将十几担粽子送到准新娘的家里。这是一种体现男方家里财力的方式，送的粽子越多，体现男方家庭越富裕。一般给准新娘的粽子有枕头粽、柱子粽、双对粽等，其中柱子棕最多。这么多粽子，需要男方家里提前几天就开始准备，非常繁忙。

给新生儿送粽子是指嫁出去的姑娘生育了第一个小孩，姑娘在粽子节这天回娘家，娘家族内亲戚给新生小孩送粽子的习俗。主要是表达一个对新生命的祝福，族内挨家挨户都要送，数量不必太多，但不能没有。如果是大家族的话，收到十几二十斤也是很正常的。这些粽子除了给孩子的外婆家留下一点之外，多数都带回男方家里。

由于汉族的端午节名气最大，同时又有着粽子这一共同的节日符号，所以有一些人将侗族的粽子节视作是端午节在民族地区的演化形式。实际上实地考察一下就会发现，这种看法是站不住脚的。

除了粽子这一符号之外，侗族的粽子节与端午节在日期、节俗活动等各个方面都不一样。而且从节日的象征性意义来说，汉族的端午节有祭奠屈原、祈求健康等诸多意义，这些在侗族的粽子节中并不明显。侗族粽子节的各种节俗活动，体现的主要是当地少数民族对家庭邻里和睦、农业丰收等方面的祈愿。所以我们可以认为，侗族粽子节与汉文化的关系不大，而是自成一体，有着侗族身份的节俗。

五月十三祭关公：关二爷是如何成神的？

吴蜀山川一水通，荆襄偏据地图雄。

云长千载英魂在，江左谁令数阿蒙。

——明·郑学醇

民间传说中，每年农历的五月十三，是武圣人关二爷的祭日。关于选定这一天为祭日的原因，说法有很多，有说这一天是二爷的生日，也有说这是二爷单刀赴会的日子，还有说这一天是二爷磨刀斩小妖的日子，种种传说不一而足。但不管怎么说，这是一个和关公信仰有关的日子。

关二爷名羽，字云长，是蜀汉昭烈皇帝帐下的一名大将。他与昭烈皇帝刘备一同起于微末，情同兄弟，也立下了不少战功。不过相比于后世的演义小说，历史上的关二爷并没有那么高的地位，只是蜀汉顶级将领中的一员而已。然而在后世，关二爷经过官方多次的“神道设教”以及民间的“自我加持”，逐渐由一介凡夫武将成为上飨国祭下祐万民的“真神”。其主要的神格有两个，一为武神，二为财神，可谓是翻手伏尸百万，覆手万家生财。那么，关二爷是如何走上这条香火成神之路的呢？这其中又经历了哪些曲折的过程？

关二爷的武神之路

从目前的材料看，关羽的形象脱离凡人层面最早的记载大约是在其死后几百年的魏晋南北朝时期。我们都知道，关羽是在荆州战死的，而且死得比较凄惨。而在魏晋南北朝时期的荆州一代，还留有一些楚文化遗存的

"厉鬼崇拜"[1]，所以关羽最早的"超凡"形象或传说，便表现为这样一种厉鬼的凶恶形象。

这一形象的变化大致发生在唐代。唐朝初年，天台宗有一位叫智顗（yǐ）的和尚在荆楚一带传教，他利用当地民间已有的关羽厉鬼化的传说，编造了一个"玉泉山显圣"以及"点化关羽父子"的故事，将关羽烘托成宗教保护神的形象。这是宗教对关二爷成神之路的第一次干涉。再之后北禅宗的创始人神秀和尚更是授予了关羽"护法伽蓝神"的佛教神职，这也是关羽第一次得到"神"的称号。同样是在唐代，关羽开始配飨[2]武成王庙，也就是开始享受国家祭祀了。不过这个时候关羽在武成王庙中的排名比较靠后，不过即便如此，获得国家权力的认可，在承载宗法礼仪的宗庙中享受配飨地位，已然开启了关羽神化的门户。

到了宋元时期，关羽继续位列宗庙享受着国家的配飨，而且越来越受到统治者的重视，受到多次敕封与赏赐庙额。从宋徽宗开始一直到孝宗，关羽正式被封以王号，其称号也累次叠加，最后定为**"壮缪义勇武安英济王"**，可见统治阶级对他的褒奖，同时也可以看出"义"和"勇"已经正式成为关羽在官方意识形态中的主要特点。而到了元代，在统治者的不断加封下，关羽在祭祀中的地位节节攀升。尤其是到了元末至正年

---

1. "厉鬼崇拜"：楚文化与中原文化不同，保留了更多的早期商周文化遗存，并受到当地蛮夷文化的影响。班固在《汉书·地理志》中说，楚人"信巫鬼，重淫祀"，对相对原始的巫、鬼等信仰甚重，尤其是楚人崇拜有力量的凶神厉鬼，这是和中原文化不同的地方。关羽死后成就超凡身份最早是在楚地，与当地的这种信仰习俗有一定关系。

2. 配飨：也叫"配享"，意思是贤人或有功于国家的人，受到国家认可并享受统一的祭祀供奉。

间的册封中，元朝统治者甚至加给了关羽长达88个字的封号（至正十三年《关庙诏》），其中除了传统的义、勇、武安王等内容，甚至加入了“护国真君”的称号。

而到了明清时期，随着朝廷对关羽的封敕达到顶峰，关羽也正式确立了“武圣”的地位。明朝的皇帝曾经先后五次加封关羽，万历十四年关羽被封为“三界伏魔大帝”，其神的地位已经确定无疑。清朝更是穷尽溢美之词，先后十三次加封关羽，最多的有**“忠义神武灵佑仁勇威显护国保民精诚绥靖翊赞宣德关圣大帝”**共26字，其神格已攀升到很高的高度。同时，随着官方在全国各地广泛设立关庙以及伴随民间文艺作品传播而形成的自发祭祀，使得对关羽的崇拜正式具备了宗教形态。也正是在这一时期，关羽获得了与孔子并列的地位，**“社稷山川而外唯先师孔子及关圣大帝为然”**，被称为“武圣人”。

当然，在这一千多年的时间里，官方对关羽的态度也有过短暂的反复。比如北宋赵匡胤靠篡位上台，他对关羽代表的忠于蜀汉正统的形象就非常不满，于是关羽在赵匡胤执政时期一度被赶出了武庙，不再享受国家祭祀了。而明太祖朱元璋时期，关羽的勇武形象也为明太祖不喜，认为百姓崇拜武人不利于其统治，曾一度禁止民间的关羽崇拜。但这些都是漫长历史过程中的小水花，取代不了关羽逐渐被官方认可的总趋势。

与官方“神道设教”过程中对关羽的不断肯定相伴，自宋代以后，由于以关羽为主题的各种话本、小说、戏剧的大量出现，关羽在民间的声望和影响力也是与日俱增，来自民间自发祭祀的香火也是越来越旺盛了。这种民间自发的崇拜和传播，与官方的正式敕封是一种相辅相成的关系。官方的敕封确立了关羽的神格的主要特质，如忠、勇等等，可以说塑造了关羽神格的骨架。而民间的传播与信仰则赋予了关羽更加丰富多彩的内容，使其神格形象更加生动和丰满。关二爷的“武神”神格，就是在这种官民互动的过程中，历时千年逐渐形成的。

关二爷的财神之路

中国古代的财神信仰，应该算是古代神灵信仰中体系最复杂的信仰之一了。像文财神有比干、范蠡，武财神有赵公明、关二爷，此外还有各路“偏财神”，像五路财神、五显五通、华光大帝等，另外像灶王爷等神灵也承担了一部分财神的功能。

在这些各路财神中，关二爷被当作财神的时间并不太长，大概是从明清时期开始的。关于关财神信仰的来源，有很多相关的传说。比如在民间话本小说中流行的关羽“挂印封金”的故事，便构建了一个武将与财富的隐约关联。又如民间传说中有关羽擅长记账的传说，认为关羽曾发明“日清簿”，涵盖“原、收、出、存”四项，为后世广泛沿用，故有“记账祖师爷”之称。抛开这些传说，相对正式的关羽关财神的记载，最早见于明代徐道的《历代神仙通鉴》，其中有关公具备“招财进宝和保佑商贾”职能的记载。

而对关财神的信仰的来源，我们还是要从明清时期社会经济生活中产生的信仰需求入手来考虑。大家都知道，明清时期作为我国古代社会的末期，商品经济相较之前已经有了长足的进步，甚至产生了一些新的生产关系的萌芽。在这样一种社会环境下，整个社会对于财富的欲望必然是愈发膨胀的。而赚钱这种事是有着莫大的偶然性的。即便是今天，人们已经能够认识到商业活动中的一些规律，依然会对其中蕴含的“运势”有某种神秘主义的期待，更何况在古代社会那种普遍存在神灵信仰的环境下呢？没钱的人想要赚钱，有钱的人想保护财富或赚得更多，这种心理实际上是财神信仰产生的基础，关财神的产生也不例外。

但是，相比于其他各路财神，关二爷无疑是具备着某些优势的。这其中最重要的一点就是关公作为受到历朝历代官方持续的封敕与褒奖的神灵，甚至最后被抬到与孔子并列的“武圣”的地位，这种官方的认可实际上在民间产生了莫大的“威势”。同时，关公的信仰在民间有着长时间的传播过程，并通过各种民间的文艺作品加以巩固和扩散，使得关财神的产生有了广泛的群众基础。最后，关羽的“武神”神格中的某些特质，也特别符合人们对财神的功能性需要：其强大的武力可以为财富的所有者提供保障；关于其挂印封金和记账方面的才能使其具备了财神的“技术能力”；其忠义的性格满足了人们对义利问题的商业伦理要求；等等。这种种的特质，简直是一个完美的财神形象啊！

同时，在关财神信仰传播的过程中，还有一个群体起到了不可忽视的作用，那就是晋商。上述关公的神格特质满足了商人对财神的所有功能性需求，但作为晋商团体来说，还有一点更为特别，那就是同乡的情谊。毕竟据史载，关羽是山西人，所以在明清时期的关财神信仰中，晋商的群体是最为积极的，其许多祭祀关财神的仪式和习俗，甚至留存到了今天。

总之，关羽在一千多年的时间中，逐渐由一个凡人武将，成为武圣和财神，这其中既有官方的推动，也有民间力量的自发加持。其实也不只关羽，很多神灵在其形象的塑造过程中，都少不了官民双方力量的互动。神、人、官三方力量的交互影响，也是个很有意思的话题了。

六月六与传统节日复兴，商业化的传统还是传统吗？

乘舟二闸欲幽探，食小鱼汤味亦甘。

最是望东楼上好，桅樯烟雨似江南。

——清·佚名

上面这首清代的小诗，讲的是当时民间流行的农历六月六节出游的习俗。最近这些年，从官方到民间，尽管对我国的传统节日、各种非遗项目的讨论都很多，但对于一些大型的传统节日，比如春节、中秋节，节日的氛围是越来越淡。而一些名气较小、影响不太大的节日，可能就逐渐地消失在工业文明的扩张过程中了，比如这首小诗里描绘的六月六节，年纪小一些的读者可能就对此非常陌生。传统节日是我们中国传统文化的重要组成部分，官方近年一直在强调复兴、保护非遗项目及传统文化，有些地方也从振兴旅游业的角度出发，发掘出很多已经被人们忘却的传统节日，六月六也是其中之一。不过这样的做法又引起了另一番争议：这种带着商业目的而打造出来的传统节日，还是传统文化吗？还有没有意义呢？借着六月六这个节日，我也来谈一点自己的看法。

什么是六月六

在今天说到六月六，可能有些老人还能想到“六月六，晒红绿”“六月六，晒经书”这样的俗语，而像布依族、瑶族等少数民族，则会想到自己本民族的“年节”“歌节”等民族节日。这些算是传承时间比较长，一直到今天还偶尔能见到的六月六习俗。但实际上，六月六是一个历史非常悠久，曾经内容也很丰富的传统节日。

六月六见于传世文献是始于东汉时期，最早是一个比较特殊的农业时间节点。崔寔（shí）《四民月令》中记载，六月六“**可种葵，可作曲**”，也就是种植葵菜、制作酒曲的日子。后来到晋代，六月六开始有“鄱官节”的名称，鄱官就是田神的意思，六月六祭田神的习俗开始于此，并一直延续到近代，至今在部分农村地区还有遗存。唐代之后，原本属于七月七的晒衣、晒书习俗，逐渐向六月六转移，一些文献中开始出现一些大户人家“六月六、晒红绿”的活动。晒书、晒衣等活动也逐渐成为后来六月六的主要习俗之一。

宋代之前的六月六，基本上属于民间自发的节日，很多习俗也都是地方性的。六月六正式成为一个官方节日，是在宋真宗时期。宋真宗大中祥符四年（公元 1011 年），下诏设立“天贶节”，贶是赐予的意思。“澶渊之盟”之后，宋真宗在王钦若等人的谗言之下，开始追求一些虚无缥缈的神仙祥瑞，并且炮制了诸如封禅、降天书等各种闹剧，这个天贶节就是为了纪念上天赐下天书而设立的。天书事件虽然是闹剧，但自此六月六就获得了官方认可的“身份”，还有了官方规定的假期和系统的节俗内容，成了当时社会的“法定节假日”之一。

宋代的天贶节因为是为了感谢上天赐予天书，在保留了前代制曲、祭田神和暴晒衣、书之外，主要是增加了一些道教色彩比较浓厚的祭祀习俗，包括祭祀圣祖、祭祀真武大帝、祭祀崔府君等等。这些祭祀活动基本都是由官方主导，然后民间响应参与的，尤其是纪念崔府君，这一活动在宋时民间可谓是香火鼎盛。除此之外，宋代民间还有一些因应农历六月自然气候产生的避瘟保健类的习俗，如煎楮实、收瓜蒂、服豨莶等。楮实、豨莶都是中药材，有一定的养生治病功效。

到明清时期，六月六节的发展达到鼎盛，其节俗活动在留存至今的各地方志中多有记载。除了官方主持的几个神灵祭祀，以及晾晒衣物和经书、制曲做酱等通行的古老习俗之外，明清时期的六月六习俗表现出更多的地方性、自发性的特点。比如自晋代就有的六月六祭田祖习俗，此时在长江中下游地区已经非常兴盛，如民国时期的醴陵县，六月六这天要把新收的农作物祭祀给田祖，也就是“荐新”，以求风调雨顺。而在甘肃、山西、四川的一些地方，则流行着六月六祭祀祖先的习俗。除了各种祭祀，因为六月天气炎热，疫病多发，各地也都产生了一些饮食保健之类的习俗，比如江浙一带在明清时期流行六月六吃馄饨、马齿苋，江苏河南一些地方流行吃炒面，这些特定的节日食俗一般都认为有避免时疫的作用。

另外，六月六天气酷热，明清时期逐渐产生了与沐浴相关的习俗。除了人沐浴之外，比较有特色的是有些地方流行在这一天给各种动物洗澡。比如在明清时期的北京，这一天被称作“洗象日”，宫廷的象房要将圈养的大象牵出来洗澡，这种大型的动物在古代堪称奇观，当然会引来百姓们的围观。同时，民间也有许多避暑、出游的习俗，有些地方还会有热闹的庙会。像本文开头那首《竹枝词》，就是记载了清代北京六月六出游的习俗。

传统节日的变与不变

前面我们简单地回顾了六月六节的发展变化过程，实际上到了明清时期，六月六在民间的习俗可以说是千变万化，各地多有地方特色节俗，中原地区和少数民族地区又有不同。近代以来，与很多传统节日一样，六月六也经历了明显的衰败，逐渐退出了人们的视线。而最近这几年，随着国家上下对非遗项目的发掘和保护，以及地方上政府、商家对旅游业的重视，六月六也和很多传统节日一样，被专家学者们从故纸堆中翻拣出来，在有些地方还被打造成了当地特色的旅游名片。但就像我们在文章开头提到的那样，这种经济导向的“传统复兴”，也引来了很多的非议。反对者认为，很多地方是有选择地从传统的六月六节俗中，挑选了一些方便“变现”的项目，重新包装了起来。这种所谓的“传统节日”，已经不是真正的传统了。这种观点看似有理，但其实并不利于传统节日、文化的传承。

回顾六月六节的发展历史就能看到，一个节日，在其产生、发展乃至消亡的过程中，变化才是这个过程的常态，不变反而只是一个阶段性的状态。六月六一开始只是一个有点特殊的农事节点（种葵、制曲），后来在某些地方开始成为特定的农神祭祀节日；再后来在官方的加持下，六月六从一个特殊农时逐渐变成官方指定的宗教祭祀节日，但同时在官方的祭祀之外，在民间还不断地产生新的节俗。如果从东汉开始算起，这个变化的过程持续了近两千年。而其变化的原因，一方面有官方的干预，另一方面也有民间根据这个时间的自然文化环境进行的自由发挥，官民的互动其实是相辅相成的。

其实所谓的节日，从表现形式来说就是一些人年复一年地在特定的时间地点重复做特定的行为。那人们为什么要在特定的时间地点做这个事情？这其中是有其内在的逻辑的，比如为了祈祷风调雨顺，面对盛夏酷暑为了避瘟保健，等等。包括六月六在内，我们很多的传统节日习俗，都可以从农业社会的生产生活环境里找到这种内在的逻辑。但在现代社会，很多这种内在的逻辑都已经不存在了，这其实也是传统节日凋亡的最重要因素。在这种情况下，还想要维持、复兴传统节日习俗，让大家在传统的时间节点上，再去“重演”一些行为，就需要给人们的这些行为寻找一些新的理由。这些理由可能是经济方面的，比如依托于旅游行业打造城市名片；也可能是发掘出传统中的某些价值、伦理观念在新环境下的新作用，比如很多传统节日习俗都包含了养生保健的做法、顺应天时的观念，这些是在现代社会依然能起到作用的。只有这样，才能为传统节日在当今社会谋到一席之地。

秋

秋季的节气

立秋

拜神戴叶吃西瓜，贴膘晒秋怕打雷

立秋，是农历二十四节气中的第十三个节气，更是秋天的第一个节气，标志着孟秋时节的正式开始。立秋一般在每年公历的8月7日至8月9日中的一天，这一天太阳达到了黄经135度。立秋标志着秋天的到来，气温开始逐渐下降，谷物成熟，农民迎来丰收的季节。

当然，立秋和立春、立夏一样，并不是说立秋一到就是秋天了，这时候的温度的下降也并不是立竿见影。俗话说“秋后一伏，热死老牛”，立秋之后的第一个庚日才是末伏的开始，再过10天才正式出伏，一年中最热的三伏天才正式宣告结束。所以立秋之后的半个月左右，炎热的天气还会持续，所以有“秋老虎”之说。不过毕竟是立秋了，天气转凉是大趋势，早晚的温差开始加大，夜间开始有了阵阵的凉意。立秋的三候是：**“一候凉风至；二候白露降；三候寒蝉鸣。”**大致反映了这个阶段的气候特点。

秋季是收获的季节，立秋预示着收获的开始，也是一年中最为重要的节气之一。所以在漫长的岁月中，从官方到民间都对这一节气非常重视，也发展出许多有趣的岁时节俗，下面就来跟大家介绍一下。

立秋时节的官方活动

立秋是二十四节气中的“四立”之一，这种季节转换之时一直都是

乳鸦啼散玉屏空，一枕新凉一扇风。

睡起秋声无觅处，满阶梧叶月明中。

——宋·刘翰

古代王朝十分重视的日子，都会有官方主持的大规模祭祀活动。

立秋的祭祀最早可以追溯到周朝。据《礼记·月令》记载，每年立秋的时候，周天子要率领手下的诸侯、大夫等人，去王都的西郊举行盛大的迎秋仪式，还要祭祀少昊和蓐收，这两位在当时被认为是主管秋季的神灵。这种祭祀活动经汉代一直延续到隋唐。

宋代的时候，每年立秋，皇宫里都要在殿内移栽梧桐树。等计算的立秋时辰到了，史官还要报一声："秋来了！"如果梧桐树能应声落下几片叶子，则会被认为是吉兆，有报秋的意思。

立秋时节的民间活动

官方的祭祀活动更多的是一种象征和仪式，而在民间，不论是出于农事还是日常生活考虑，人们对季节变换的感受无疑是更加直接和敏感的。所以从古到今，民间在立秋这一天都有非常丰富的节俗活动。由于秋季是收获的季节，所以立秋的节俗活动的目的性也非常明确。

首先是各种祭祀活动。既然是祈求农事顺利，那么首先要祭拜的就是土地神了。在江浙一带，农人们一般会在立秋这一天，将准备好的各种牺牲祭品送至田间地头，向田祖祷告祈求丰收。在贵州的一些地方，也有在立秋前后十日择期尝新的习俗。农民用新米煮饭献给各路农神，然后将米饭奉给家中长辈。此外，在常州一带，现在还保留着立秋祭奠刘猛将军的习俗。刘猛将军本名刘承忠，是元末江淮一带的指挥使，据说在执政当地的时候消灭蝗虫有功，死后逐渐被当地人感念和祭祀。后来到了清朝康熙年间，因为各种机缘巧合被清政府官方敕令全国春秋两季祭祀，以求保佑免于蝗灾。现在常州一带的民俗，应该是那时候遗存下来的。

其次，秋季是收获的季节，但在湖南、江西、安徽等山区，由于地形复杂，农民们害怕收获的作物发霉，逐渐形成了"晒秋"的习俗，也就是在自家院子、院墙或房顶上晾晒作物。这种晒秋的农俗以江西婺源篁岭古村最为有名，当地的晒秋从农历六月六一直持续到九月九，现在已经成了当地旅游业的一张民俗名片，篁岭古村也成了国家4A级旅游景点。

再次，立秋时节也有一些与农业收成相关的“忌讳”。这种忌讳往往地域特色比较明显，但就全国来说，立秋“忌打雷”应该是比较普遍存在的一种忌讳了。许多农谚都反映了这一现象，比如“雷打秋，冬半收”“立秋响雷，百日见霜”等等。相反的，也有“立秋晴一日，农夫不用力”的谚语，表明人们认为立秋时晴天，预示着好收成。虽说在今天看来，这些农谚可能有迷信的成分，但数千年农业实践总结出来的经验，也应该是有它的道理的。

立秋的保健习俗

一般来说，在季节转换的时候，由于外界自然环境的变化，容易导致人体产生疾病。所以在每年立秋的时候，各地也会有很多有特色的保健习俗，这里面有的是某种仪式，也有的是食用某种特定的食物。

比如立秋时节，全国很多地方都流传戴楸叶的习俗。楸木是我国北方一种大叶的落叶乔木，秋天落叶，戴楸叶有应时序的意思。这一习俗据记载是源自宋朝，在今天有些地方还有遗存，比如东北和山东的一些地区。不过形式上也有些变化，比如人们会将树叶剪裁、折叠成各种形状，佩戴起来显得更加美观。

而饮食方面，全国各地可谓是各具特色。

比如江南一些地方，立秋这天有“啃秋”或“咬秋”的习俗。在立秋这天，人们要啃西瓜，甚至浙江的一些地区还有西瓜和烧酒一起吃的习俗，人们认为这样做可以免除痱子、腹泻、疟疾等疾病。

而在另一些地方，则流行着“贴秋膘”的说法。因为夏季天气炎热，人们通常胃口都不太好，体重会下降，称为“苦夏”。立秋之后，夏季结束了，自然要把丢失的体重找回来。而且，随着秋天气温的下降，人们的胃口也逐渐好了起来。所以自然要做些肉菜，好好补一补。同时，也算是为即将到来的冬季储存些能量。

处暑

从天气到养生，二十四节气之处暑面面观

每年公历的8月23日前后，是二十四节气中的处暑节气。处暑是农历二十四节气中的第十四个节气，也是秋季的第二个节气。处暑也有三候，分别是：“**一候鹰乃祭鸟；二候天地始肃；三候禾乃登。**”也就是说，在处暑时节，老鹰开始大量捕食，为过冬储备能量；天地逐渐肃杀，农作物已经成熟。总之，是一派秋天的景象。

处暑的天气

处暑，从节气的名字上就能反映出来，这是一个反映温度变化的节气。《月令七十二候集解》中说：“**处暑，七月中。处，止也，暑期至此而止矣。**”也就是说从这一天开始，炎热的夏天即将过去，天气要渐渐凉快起来了。

当然，这个“凉快起来”，实际上主要是针对我国北方地区和西南高海拔地区。在处暑前后，一方面太阳的直射点开始南退，另一方面副热带高压也开始南退，同时来自蒙古高原的冷高压开始影响我国北方。所以在东汉的《四民月令》中，有“**处暑中，向秋节，浣故制新**”的说法，即过了处暑就到了秋天了，大家需要准备换季的衣服了。

处暑无三日，新凉直万金。

白头更世事，青草印禅心。

——宋·苏泂

但实际上，因为副热带高压的南移，处暑前后我国江南和东南沿海地区还要再经历一段时间的炎热天气，这也就是俗称的“秋老虎”了。所以在江南一带，也有“处暑十八盆”的俗谚。也就是说处暑之后，每天都还要洗一个凉水澡才行。而到了两广地区，“秋老虎”持续的时间更长，当地人甚至戏称“处暑八十盆”，这一天要洗好几个澡！而处暑后十八日就要过白露了，所以有“**土俗，以处暑后天气犹暄，约再历十八日而转凉**”的说法。

处暑之后，在我国北方会有一段秋高气爽的好时节。天高云淡，温度适宜，正是出行的好时节。或约三五好友，或与家人同行，到野外迎秋赏景，看云卷云舒，正是惬意的时候。而且，处暑之后，随着暑气的消散，天上的云朵也不像夏季那样浓厚，疏散自如的云朵也格外好看，所以民间也有“七月八月看巧云”的说法。在古代，即便是皇帝都会在这一时期与百官一起出行游乐呢！

处暑与农事

处暑在二十四节气中，不像二分二至那样被人熟知，但对于农事来说，处暑实际上是非常重要的一个节点。正如处暑三候中的第三候所说：“禾乃登。”处暑是水稻成熟的时候。《易》云：“**岁云秋矣，我落其实，而取其材……**”农民忙活了一季甚至一年，可不就是为了秋天的收获吗？

所以在处暑前后，我国南方大部分地区都处在收割中稻的农忙时节。此外，一些夏秋作物也即将成熟。所以农谚里有：“处暑满地黄，家家修廪仓”之说。水稻收割之后还要晒的，所以对天气的要求很高，在抢收抢晒的时候，如果有个晴好的天气，那是再好不过的了。此外，处暑前后正是一些地区采摘头茬棉花的时候，所以也有“**处暑好晴天，家家摘新棉**”的说法。

而在我国北方，由于处暑以后，降雨开始明显减少，所以这个时候蓄水保墒[1]就显得特别重要了。而由于降水的减少，有些地方可能会形成夏秋连旱，所以农田的防火工作也要重视起来。

处暑话养生

处暑是温度变化的一个重要节点。所以古人说“**秋初夏末，热气酷甚，不可脱衣裸体，贪取风凉**”，又有“**七九六十三，夜眠寻被单**”的说法。总之，处暑之后，或许白天还会有些暑热的感觉，但早晚的温度下降已经很明显了。尤其是“一场秋雨一场寒”，一旦下雨，更是给人秋凉的感觉。所以这个时候要适时地增加衣物了，尤其是对老人和孩子来说。

同时，咱们过去常有“苦夏”的说法，如今虽然有空调“续命”，但夏天还是会有很多人有食欲不振等反应。经过一个盛夏的煎熬，很多人的脾胃都会变得比较虚弱。所以这个时节，饮食当以清淡为主，可以多食用一些冬瓜、薏米、莲子等健脾养胃的食物，比如每天一碗薏米莲子粥，会是不错的选择。

不过这个清淡，也不可以太极端地理解为素食。毕竟人在经历了一个夏天之后，脾胃虚弱，还是要进补的。只是这个补，要注意方法，像一些大鱼大肉、辛辣的或烧烤的食物要尽量避免，但是可以吃一些鸭、黄鳝、猪瘦肉、海产品等。烹饪的时候也不要口味太重，这样既可以补充营养，又可以缓解秋燥的状况。

说到这个秋燥，主要是因为处暑之后天气转凉，降雨减少，天气变得比较干燥，所以才有了这个说法。秋天的时候很多人都比较容易上火，所以

---

1. 保墒，即保持土壤适宜的湿度，以适合种子发芽和作物生长。

这个时候，多吃一些富含维生素的蔬菜和水果是很有必要的。秋天是收获的季节，应季的水果是很多的。不过在这里，特别向大家推荐一种水果，那就是石榴。民间有“石榴当饭吃”的说法，这是因为石榴营养丰富，维生素 C 含量比较高，而且果粒酸甜可口多汁，可补充我们人体所需的能量和热量。同时中医也认为，石榴具清热、解毒、平肝、止血和止泻功效。而秋季也是腹泻高发的季节，民间也有煎制石榴皮止泻治痢疾的方子，效果很不错。

关于处暑节气的气候和民俗，大约就是这些了。秋季是收获的季节，但同时季节转换，人的身体也需要有个调整的过程。对今天的人们尤其是城市里的人们来说，二十四节气指导农事的作用可能感受不深，但顺应天时调养身体的思想还是应该继承下来的，毕竟人也是自然的一部分。

白露

祭大禹、吃龙眼，酿米酒、喝秋茶，原来你竟是这样的白露

白露是农历二十四节气中的第十五个节气，也是秋季的第三个节气。白露一般在每年公历的 9 月 7 日或 8 日，此时太阳达到了黄经 165 度。《月令七十二候集解》中说：“**白露，八月节。秋属金，金色白，阴气渐重，露凝而白也。**”所以这白露的“白”字，其实并非指露水的颜色是白的，而是来自古人的阴阳五行观念。古人把四季、颜色都用阴阳五行来解释，秋季是金属性，金对应白色，其他还有诸如木对应青色，土对应黄色，等等。

蒹葭苍苍，白露为霜。

所谓伊人，在水一方。

——《诗经·蒹葭》

白露的天气

白露是二十四节气中与温度有关的一个节气。有说法认为，白露这天是一年中昼夜温差最大的。不过这一说法从数据统计上来看，可能只在北方的部分地区比较明显，但对我国大部分地区来说，白露前后也确实是昼夜温差比较大的一个时段。所以俗谚有"**处暑十八盆，白露勿露身**"的说法，总之白露前后，秋意渐浓天气转凉，要开始注意增添衣物了。

与其他节气一样，白露也有自己的三候，分别是："**一候鸿雁来；二候玄鸟归；三候群鸟养羞。**"白露的三候全部与鸟有关，鸟类和花草，这应该是古人最容易观察到的反映气候变化的物候，所以七十二候中与这两者相关的尤其多。而且，如果把七十二候中的一些物候对照起来看，也尤其有意思。比如春分节气有"玄鸟至"，白露时就有"玄鸟归"。玄鸟就是燕子，古人认为燕子的家乡在南方，那么站在北方人的立场上说，春天的时候燕子来了，到了秋天的时候燕子自然要回家去。而大雁也是类似，雨水节气有"雁北归"，到了白露时节就有"鸿雁来"，只是这似乎又是站在南方的立场上了。但总之，在候鸟的来去之间，人们记录了寒暑季节的变化。当然，有候鸟就有留鸟，那些不随季节迁徙的鸟类，到了这个时候就开始储备过冬的食物了，所以有"群鸟养羞"，羞者，馐也。

白露时节，我国北方和南方在降雨方面有很大的差异。北方的降雨通常很少，秋高气爽的同时，天气也比较干燥。这一方面影响着人们的身体健康，另一方面也影响着农事活动，防火、抗旱应该是比较注意的事情。而在我国的南方地区，则是秋雨绵绵的天气。尤其是如果遇上冷空气和台风相持不下的情况，也比较容易形成持续的强降雨，这对农事活动又十分不利。

白露的民俗

相对于二分二至，白露在二十四节气中并不十分出名。但实际上在我国民间，白露前后的民俗活动却是比较多的。这些活动大都是一些区域性的活动，或者与历史传说有关，或者与当地这一时段的气候有关，总之地方特色比较明显。在这里，我选几种比较有意思的给大家介绍一下。

• 祭禹王

禹王就是传说中治水的大禹了。在今天苏州市吴中区金庭镇西山岛上，有一座禹王庙。相传大禹治水从北向南，最后在震泽将兴风作浪的鳌鱼镇压在湖里。这震泽就是今日的太湖了。

大禹治水的具体路径今天当然不可求证，神话传说当然也是虚虚实实，不过太湖沿岸的渔民们对此可是深信不疑的。他们在太湖中的小岛上为大禹建庙祭祀，至今已经一千多年了。

太湖沿岸的大禹祭祀一年要有四次，分别是正月初八、清明、七月初七和白露，其中以清明和白露这春秋两祭最为隆重。据清乾隆年间《太湖备考》所载，禹王香期一般为七天，前三天祭拜，后三天酬神，最后一天还有送神的仪式。祭祀的供品，当然是渔民们在太湖捕捞的水产了。渔民为表示自己的虔诚，甚至要将秋季捕获的第一条鱼献给禹王，以求太湖风平浪静，自己也能有个好收成。

来参加白露的禹王祭祀的人，不仅有太湖两岸的渔民，甚至还有从苏南、浙北赶来的。整个祭祀期间，由于前来祭拜的人数众多，使得整个禹王庙非常热闹。各地的渔民带来了各地的物产，也吸引了众多的商贩和手艺人，于是，太湖的禹王祭祀也渐渐发展成了一场盛大的庙会活动。

• 吃龙眼

在福建福州一带，有在白露吃龙眼的习俗。龙眼是福建当地特产的一种水果，本身就有益气补脾、养血安神的功效。当地人认为，白露是吃龙眼的最好时候，这时候的龙眼最为滋补。

龙眼的吃法很多，既可以直接当作水果吃，也可以用来熬粥。当地人熬制的龙眼香米粥，是一款滋补的佳品。至于白露的龙眼是不是最补的，这个其实谁也不知道，只是从果物的生长规律来说，白露前后确实是龙眼成熟最好的时候。

·酿米酒

在湖南郴州市的资兴一带历来有白露酿酒的习俗。这种酒与我们今天喝的白酒不同，是用糯米、高粱等五谷酿成的米酒，其酒温热微甜，称为“白露米酒”。

白露米酒中最为出名的是程江沿岸居民酿制的“程酒”。程酒的历史非常悠久，北魏郦道元的《水经注》中就有记载：**“郴县有渌水，出县东侯公山西北，流而南屈注于耒，渭之程水溪，郡置酒馆酝于山下，名曰‘程酒’。”**

程酒的酿造方法也很有特色，除了在取水、选定时节方面有着特殊的规定之外，在酿酒的时候要先酿制白酒（当地人叫“土烧”）和糯米糟酒，然后再按照1∶3的比例将白酒倒入糟酒中，再放在坛子里密封并埋到地下。所以，别看这种酒是米酒，其后劲儿可是相当足的，在光绪年间的《兴宁县志》里有这种酒“**酿可千日，至家而醉**”的说法。

·白露茶

从白露开始到农历的十月份，是茶树生长的好时期。由于这个时间昼夜温差加大，夜间的水汽会在茶树、茶叶上凝结成露水，所以这个时期采摘的茶叶也称为“白露茶”。

白露茶是一种青茶，介于绿茶和红茶之间，茶性温凉。白露前后在我国北方的大部分地区天气都比较干燥，有所谓“秋燥”的说法。但是随着气温的降低，人身体的状况也在发生适应性的变化，不再适合饮用太多凉性的饮品。所以，像白露茶这种青茶，既不像绿茶那般寒凉，也不像红茶那样性热，正好适合秋季饮用。同时，白露茶既不像春茶那样娇嫩不经泡，也不像夏茶那般苦涩，饮用的口感也是相当的好。

白露养生

白露时节正值秋季，中医中有“秋燥”的说法。同时，“燥”和“火”又不一样。上火了可以用寒凉的方子来应对，但“燥症宜柔润”，不能用大凉的东西来应对。

所以，在白露前后，饮食方面可以多吃一些清淡、易消化并富含维生素的素食。同时，可以适当地食用一些粥品，如大米、麦仁、糯米、芡实等，再配上梨、芝麻、菊花等熬粥，可以起到益肺润燥的功效。

秋分

暑退秋澄气转凉，日光夜色两均长

秋分是我们传统农历二十四节气中的第十六个节气，时间一般在公历的 9 月 22 日到 24 日。在这一天，太阳达到黄经 180 度，直射赤道，南北半球昼夜平分。对于我们北半球来说，秋分之后，昼短夜长的趋势就越来越明显了。

董仲舒在《春秋繁露》中说：**“秋分者，阴阳相半也，故昼夜均而寒暑平。”**秋分的“分”，实际上就是“半”的意思。过去把秋季分成孟秋、仲秋和季秋三部分，秋分正处仲秋，所谓平分秋色是也。

金气秋分，风清露冷秋期半。

凉蟾光满。桂子飘香远。

——宋·谢逸

秋分的气候

秋分的三候是：**“一候雷始收声；二候蛰虫坯户；三候水始涸。”**

“一候雷始收声”。古人用阴阳转换来解释气候的寒暑变化，而秋分正是一年中阴阳转换的关键节点。雷是阳气的代表，雷始收声意味着阳气开始衰退，而阴气逐渐占据了主导的地位。主要体现在外在的气候变化上，自然是秋意渐浓，气温逐渐下降了。

“二候蛰虫坯户”。由于天气开始变冷，蛰居的小虫子开始用泥土封闭自己的洞穴，以抵御寒气的侵袭。

“三候水始涸”。进入秋季以来，北方地区降水开始明显减少。而秋分之后，南方地区在迎来最后一波台风降雨之后，也开始逐渐进入少雨的时期了。

总之，秋分前后，我国大部分地区都已经能够感到浓浓的秋意，可谓秋高气爽、丹桂飘香、蟹肥菊黄。但在欣赏美景美食的同时，也要注意适时地增加衣物，避免着凉了。

秋分的民俗

“二分二至”是传统的二十四节气中，非常重要的时间节点。秋分作为“二分”之一，自古便受到从官方到民间的重视，也形成了丰富的节气民俗。这些民俗有些已经消失在历史长河中，但也有些还存在于我们的身边。让我们一起来看看吧!

· 秋分的祭祀

在古代，“二分二至”作为重要的节气，历来为统治者所重视。早在周朝的时候，就有**“春分祭日，夏至祭地，秋分祭月，冬至祭天”**的习俗。我们今天熟知的中秋节，实际上最早就是由秋分的祭月节发展而来的。在今天的北京还有日坛、月坛、天坛、地坛等公园，就是明清时期帝王们举行祭祀的场所。

官方的祭祀行为自然也会影响到民间，让大家都觉得在秋分这天祭月是很重要的事情。不过与官方祭祀有着一套烦琐的礼仪规程不同，民间的祭月则表现出比较明显的地方特色。

比如在《北京岁华记》里面，就记载了老北京祭月的习俗。书中说："**中秋夜，人家各置月宫符象，符上兔如人立；陈瓜果于庭；饼面绘月宫蟾兔；男女肃拜烧香，旦而焚之。**"也就是说，男男女女在院子里摆上供品，挂上画着玉兔的月宫符，摆上有月宫蟾兔的月饼，然后烧香祭拜。

而在江浙一带的杭州，习俗就有所不同。清人顾禄的《清嘉录》里有记载，彼时当地人"**比户瓶花、香蜡、望空顶礼，小儿女膜拜月下，嬉戏灯前，谓之'斋月宫'**"。此时民间还会供奉许多物品，但有趣的是，这些物品都做成了缩微的形式，像供奉的小财神，大不盈尺，并设有台阁、几案、盘匜、衣冠、乐器等物，都缩小到寸余，非常精致。当地人称之为"**小摆设**"。

除了祭月之外，在古代的乡村社会，在秋分这一天还会设立秋社，祭祀土地神。秋社是传统乡村社会的一件大事，规模甚至比春社还要隆重。除了奉上新收的农作物以祭祀土地神之外，秋社还是乡里宗族一次大型的集会，大家一起饮酒、游戏，或者请来戏班进行表演，有着强化血缘纽带的作用。

值得一提的是，2018 年 6 月，国家正式出台文件，将每年的农历秋分日设立为"中国农民丰收节"，从国家层面将传统秋社庆丰收的内容确立了下来。

·秋分的饮食民俗

秋天是收获的季节。在如此美好的时候，怎么能忘了吃呢？在我国岭南的一些地方，秋分时节就有着“吃秋菜”的习俗。不过这个吃秋菜，倒不是为了美食，而是代表一种美好的祈愿。

所谓的秋菜，实际上是岭南地区生长的一种野苋菜，当地人称之为“秋碧蒿”，细长嫩绿，大概有巴掌长短。当地人会在秋分这天上山去采摘秋菜，回家后和鱼片一起熬成汤，称为“秋汤”。岭南地区有句民谚：“**秋汤灌脏，洗涤肝肠。阖家老少，平安健康。**”当然，从科学的角度来说，这种野苋菜富含胡萝卜素、维生素C，有增强人体免疫力的功效。食“秋汤”也暗合了中医秋天滋补的观念，还是很有道理的。

·秋分的娱乐、出行活动

秋高气爽，丹桂飘香，秋天本就是出游的好时节。秋分时节自然也少不了娱乐方面的民俗。

比如旧时候的农村，在秋分前后就有“说秋”的活动。说秋类似于一种民间的曲艺项目，说秋人都是一些善言唱的民间艺人，被称为“秋官”。每到秋分，秋官们就会挨家挨户地上门去唱些与丰收有关的吉祥话，并送上“秋牛图”，说得主家高兴了还能得到赏钱。这个秋牛图，是在二开的红纸或者黄纸上，写上二十四节气，并画上农夫牛耕的画面的一种图画。

再比如，在我国古代还有着秋分日“候南极”的习俗。《史记·历书》中有“**狼比地有大星，曰南极老人。老人见，治安；不见，兵起。常以秋分时候之于南郊**”的说法。因为我国在北半球，所以南极星一年之内只有秋分前后才能见到一次。同时，古代统治者认为南极星的出现是一种祥瑞，意味着天下太平。所以皇帝们会在秋分这天的早晨，带领文武百官去南郊迎接南极星，逐渐地也就形成了秋分日“候南极”的习俗。

此外，旧时农村还有秋分“走社”的习俗。民谚有：“**鸡豚秋社，芋栗园收，李四张三，来而便留。**”旧时农村多聚族而居，人口流动性很低，邻里之间守望相助，关系比今天要亲密得多。一年的辛劳，少不了乡邻的互帮互助。到了秋天，借着丰收的喜悦，总要拿出些土产食品互相答谢一下。这也是旧时农村重要的一个交际活动。

寒露

露已寒凉，请多穿衣——寒露节气的习俗与养生

寒露是二十四节气中的第十七个节气，也是秋季的第五个节气。每年公历的10月8日或9日，太阳到达黄经195度时为寒露。“袅袅凉风动，凄凄寒露零”，寒露意味着时节已是深秋，露已寒凉，霜将要来了。

古代的时候，有“春生夏长，秋收冬藏”的说法。每当深秋时节，秋收的忙碌基本告一段落，人们要开始为冬藏做准备了。第一件事是开始打猎，一方面这个时期的动物也在为过冬储存能量，比较肥硕；另一方面人们也要为冬季储藏一些肉食。第二件事就是砍柴，所谓“草木黄落，伐薪为碳”，这是要储存过冬的能源，毕竟冬季大雪封山，砍柴都不方便了。最后一件是对于国家来说，深秋也有其行政方面的意义，一年里积攒的案子要在这个时候做个了断，所谓“秋后问斩”大概就是这个意思。入冬之后，整个国家的行政节奏也都跟着放缓了下来，一方面这符合秋收冬藏的哲学意义，另外根本上也是因为古代生产力落后，冬季天寒地冻交通不便，很多工作也确实没法展开了。

总之，与初秋时的金桂飘香和中秋时的满满收获不同，临近冬季，深秋的气氛也开始透着一点肃杀气氛了。

新开寒露丛，远比水间红。

艳色宁相妒，嘉名偶自同。

——唐·韩愈

寒露的气候

寒露也有三候，分别是：**“一候鸿雁来宾；二候雀入大水为蛤；三候菊有黄华。”**

“一候鸿雁来宾”。俗语有云：“大雁不过九月九，小燕不过三月三。”意思是说，大雁在农历九月九之前都往南飞走了，而小燕在来年的农历三月三之前应该会飞回来。

“二候雀入大水为蛤”。这实际上是古人很有意思的一种生命观。古代的人们相信天地之间的生命是循环往复生生不息的，一段生命结束之后，会以另外一种形态重新开始，比如在文学作品里经常见到的“转世投胎”之类的说法，就体现了这种思想。深秋时节，人们发现天上的雀鸟都不见了，同时又发现海边多了很多蛤蜊，而且雀鸟和蛤蜊的花纹颜色还比较接近，于是就把这两种现象联系了起来。现在看来，多少也透着点浪漫呢。

“三候菊有黄华”。“冲天香阵透长安，满城尽带黄金甲”，黄巢的诗句里有科举不第的愤懑和抱负，张艺谋的电影里有满目金灿灿的香艳，但这些都离我们现代人太过遥远。九月深秋，倒是赏菊的好日子。“且看黄花晚节香”，深秋将尽，寒冬要来，这菊花可不就是秋天的“晚节”吗？

深寒露重，如何“秋冻”？

寒露一般在“十一黄金周”之后。当你出门旅行度过了充实的假期，一到家可能就猛然发觉：这天气怎么和我出门的时候不一样了？然后就开始翻箱倒柜，赶忙着找衣服了。

俗谚有云：“急脱急着，胜如服药。”可俗谚又有云：“春捂秋冻。”于是很多朋友就纠结了：这俗谚也太随便了，到底是穿还是冻啊？

其实，咱们对很多俗谚的理解往往都有个教条式的误区，认为谚语中说什么就是什么，但是很多的俗谚都只是说了事情的一个方面而已，也有很多俗谚只是说的某个地区的情况。比如“秋冻”，适当地冻一冻，确实能够提高身体的抗寒能力。但这个是有前提的，那就是不能着凉啊！

所以俗谚又有云：“二八月，乱穿衣。”这个“乱”字用得好，气温波动剧烈的时候，可不就手忙脚乱地找衣服吗？实际上这句话呢，一方面是说这个季节，得根据天气变化随时增减衣物；另一方面，也表示人和人是不一样的，这“秋冻”还得根据个人的体质来决定。尤其是对老人和孩子来说，还是以注意保暖不生病为前提吧。

秋钓边、吃芝麻，寒露的民俗和养生

在我国很多地方，有中秋节吃蟹的传统。但实际上，中秋的蟹子还不是最肥的，要中秋过后十来天，螃蟹才长到最“丰满”的时候，这时差不多就到了寒露前后了。而且近些年中秋吃蟹被作为传统概念热炒，导致大闸蟹的价格也是水涨船高。中秋过后，蟹子的价格自然开始回落，吃起来也更加实惠。

除了蟹子，在我国江南地区，喜欢钓鱼的人们在寒露前后还有“秋钓边”的习俗。这其实是一种钓鱼的经验总结了。因为寒露前后气温开始快速下降，深水处因为阳光直射时间变短已经晒不透了，鱼儿们自然地就开始往水温更高的浅水处游去。这时候找个有太阳的正午，搬个马扎坐在湖边来个“愿者上钩”，收获应当是不错的。

寒露前后，时值深秋，天气开始由寒凉转向寒冷了。中医讲究“春夏养阳，秋冬养阴”，所以从养生的角度来说，这个时候人们应该养阴防燥，多吃一些润肺益胃的食物，同时也要避免过度的运动和劳累。当然，对现在忙碌的都市白领来说，避免劳累可能太过奢侈了。那么，就在饮食上对自己好一点吧。比如在北方有些地方，流行着“寒露吃芝麻”的习俗。芝麻有补肝肾、益精血、润肠燥的功效，可用于治疗身体虚弱、头晕耳鸣、

高血压、高血脂、咳嗽、身体虚弱、头发早白等。古代养生学家陶弘景曾说：**“八谷之中，惟此（芝麻）为良，仙家作饭饵之，断谷长生，为养生妙品。”**

所以，辛劳的白领朋友们，每天早上，来碗黑芝麻糊吧。

霜降

霜叶红于二月花，霜降有这些气候和民俗

每年的公历10月23日或24日，当太阳位于黄经210度时，我们便迎来了二十四节气中的霜降节气。霜降是二十四节气中的第十八个节气，也是秋季的最后一个节气。霜降之后，秋天正式结束，寒冷的冬季终于要来临了。

霜降是一个以自然现象命名的节气。《月令七十二候集解》中说：**“九月中，气肃而凝露结为霜矣。”**《二十四节气解》中则说：**“气肃而霜降，阴始凝也。”**天气渐冷，开始降霜，这是霜降前后直观的气候表现。

霜降有三候

霜降的三候分别是：**“一候豺乃祭兽；二候草木黄落；三候蛰虫咸俯。”**

“一候豺乃祭兽”，字面的意思自然是豺狼用捕来的猎物祭祀苍天。这其实反映了古人很有意思的一种观念。豺狼当然是不会用猎物祭祀苍天的，但是在霜降前后，即将进入冬天的时候，肉食类的动物确实要捕捉猎物为冬天储备食物。古人看到豺狼捉到了猎物并不马上食用，而是堆积起来，就觉得好像是我们人类摆上供品祭天一样，于是就有了这“豺乃祭兽”的说法。其实这也是古人常见的一种观察动物的视角，在七十二候中类似的比如雨水有“獭祭鱼”，处暑有“鹰乃祭鸟”。

月落乌啼霜满天，江枫渔火对愁眠。

姑苏城外寒山寺，夜半钟声到客船。

——唐·张继

“二候草木黄落，三候蛰虫咸伏”，便是对霜降前后的气候与自然环境的直观描述了。该飘落的飘落，该潜藏的潜藏，一起等待下一个万物复苏的春天。骚人好悲秋，其实也大可不必。万物循环，周而复始，这便是自然之道。

秋去冬来，肃杀的霜降节俗

农历九月，时值深秋，北方的树叶逐渐枯黄飘落，天地间开始变得严峻肃杀。古人以阴阳来解释气候的变化，认为这种肃杀是阴气渐升而阳气衰减导致。所以为了顺应这种肃杀的气氛，古人常将杀伐之事放在深秋进行，比如著名的“秋后问斩”。以霜降节气来说，除了实质性的“问斩”，在霜降前后也逐渐形成了很多与演武、用兵有关的习俗。虽然这些习俗大多仪式感大于实质，但也算是顺应了肃杀的天地之气。

按古代的习俗，每年立春为开兵之日，而霜降就是收兵的时候了。明清时期，很多地方都会在霜降这天举行演武、收兵的仪式，有“迎霜降”“打霜降”等不同的叫法。比如《浙江志书》里面就记载，在当地的富阳县：“**霜降前一日，县令命捕职查点民壮保甲，扬兵大道，民多往观，谓之迎霜降。至日，县令诣演武场，亲阅操演校射，以行赏罚。**”实际上这种在霜降前后演武的活动，可以追溯到秦汉时期。比如汉代有本谶纬[1]书叫《春秋感精符》，里面就有“**季秋霜始降，鹰隼击，王者顺天行诛，以成肃杀之威**”的说法。谶纬虽然是迷信，但也反映了当时社会是有类似演武的活动的。

而古代的中央政府对这种仪式也很重视。比如清代的时候，霜降日的五更清晨（早上 4：48 左右），武官们会在武庙集合，迎接皇帝的巡视，

---

1. 谶纬（chèn wěi）：流行于秦汉时期的一种政治思潮，由谶书和纬书组成，主要是用神学化的儒家思想对未来进行预测的一种政治预言。

之后举行祭祀活动。到了清朝中后期，又加上了鸣枪、鸣炮等仪式，叫作“打霜降”，很多老百姓都会前来围观。现在看来，这些仪式更多的是在宣扬武备的强盛，其实和现在的阅兵有些类似的地方。

有一些地方，在这种阅兵的同时，还有祭旗神的习俗。古代战争中对“旗帜”是非常重视的，旗在古代战场上也有重要的实质应用，所以也逐渐被赋予了神性。在祭旗神的诸多祭祀活动中，有一项马术的表演是老百姓喜闻乐见的。比如清朝仪征人厉秀芳在《真州竹枝词》里面就写道：**“霜降节祀旗纛神[1]，游府率其属，枯盔贯铠，刀矛雪亮，旗帜鲜明。往来于道，谓之迎霜降。尝见由南城墙上，而东而北下至教场，军容甚肃。”**这实际上依然是一种武力展示的仪式。

当然，霜降的节俗也不完全是一派肃杀，秋菊与枫叶为这个日渐萧索的季节添上了不多的一抹亮色。仲秋之后，秋菊渐次开放，而霜降前后正是北方秋菊最盛的时候，很多地方在这个时候会组织菊花会，一起赏菊饮酒是古时候文人的最爱。当然，现在这已经是广大普通人的一种活动了。

“停车坐爱枫林晚，霜叶红于二月花。”深秋季节是红叶最好的时候，而且有了四周一片枯黄萧索的对比，火红的枫叶显得更加美丽动人。所以在国内的很多地方，会有在霜降前后行山赏红叶的习俗，比如苏州的太平山、南京的栖霞山等，当然最有名的可能还是北京香山的红叶吧。

“栗柿”：霜降的应季食物

咱们常用“霜打了的茄子”来形容一个人的状态很蔫儿，精神不好。可实际上被霜打过的蔬菜往往都很好吃，据说是跟霜打过后蔬菜的含糖量

1. 旗纛（dào），指军旗。

会增加有关系。而霜降前后，最好的应季食物当推柿子和栗子了。

在霜降时节，我国南方很多地方有吃柿子的习俗。民间对这个习俗的来源有很多说法，比如“霜降吃丁柿，不会流鼻涕”等等，主要是说这个时候吃柿子可以补身体，不容易感冒。实际上，这主要是因为深秋时节正是柿子成熟最好的时候，薄皮多汁非常好吃。当然，从中医的角度说，柿子确实也有防寒保暖补筋骨的作用。

此外，深秋的栗子也是一种特别好的应季食物。栗子有健脾养胃、补肾强筋的功效，这个季节正是新鲜的板栗上市的时候，糖炒栗子也是一些地方非常流行的小吃。

霜降之后，秋天就要结束了，我们将正式迎来寒冷的冬季。民间有“冬补不如补霜降”的说法，真正到了严寒季节，人体的各项机能都在下降，进补的效果反倒不好。霜降是秋季的最后一个节气，也是进补的最后时机。所以民间还有“先补重阳后补霜降”的说法。

不过秋季气候干燥，进补还是以温补为主，除了前面说的柿子、板栗之外，羊肉和兔肉也是这个季节不错的选择。医书上有“迎霜兔肉”一说，意思是经霜的兔子，肉味更鲜美，营养更丰富，大家可以品尝一下哦。

秋季的传统节日

传统的七夕节，是怎么被包装成“中国情人节”的？

步月如有意，情来不自禁。

向光抽一缕，举袖弄双针。

——南朝梁·刘遵

农历七月初七，传统的七夕节又到了。

说到七夕，现在大家基本都知道，这是中国一个传统的节日。但稍微有点年纪的读者应该有印象，七夕以“中国情人节”的形象重新包装出现，实际上是最近十年左右的事情。那么，作为传统节日的七夕，它本来的面目是什么样的？后来为什么沉寂了？又是怎样改头换面以“中国情人节”的形式重新登场的？作为七夕的“镜像节日”的西方情人节是什么来历？以及为什么会发生传统的七夕到现在“中国情人节”的这种流变？这一系列的问题，可能是很多人感兴趣的，也确实是值得我们聊一聊的。

“必也正名”：七夕节的传统名称

中国人讲究“名正言顺”，所以在介绍七夕的节俗之前，我先跟大家聊聊这个节日的名称问题。

七月初七，据民间传说，牛郎和织女在这一天将在天上相会。将天空中的星象附会成神话故事，这是世界上很多民族都有的一种叙事方式，中国也不例外。据考证，牛郎织女的传说大约产生于西周时期。七月七是牛女相会的日子，这便是这个日期最早的含义。

随着牛郎织女传说的传播，民间开始出现一些在这一天纪念牛郎织女的活动，比如在“云梦秦简”[1]中有关于牛郎织女的传说记载，在《三辅黄图》中也有记载在渭水上架桥接引牛郎织女的事。这些活动在西汉时逐渐传到了宫廷之内，如《西京杂记》中有记载：“**汉彩女常以七月七日穿七孔针于开襟楼，俱以习之。**”后世七夕节最主要的穿针乞巧节俗，在这时已经出现了。不过这个时候，人们一般还是把这个节日叫作“七月七日”，而“七夕”的简称，要到东汉之后了。

七月七日牛郎织女相会，民间最早的节俗实际上也是跟男女相会有关。但后来传到宫廷之中，皇宫里自然不能再庆祝男女相会。宫廷之中彩女（即宫女）众多，于是就逐渐地变成以穿针为代表的乞巧、斗巧活动。这些活动也随着官方的推动逐渐地扩散到民间，七月七日也就有了“乞巧节”的名字。而由于这些活动主要都是女性尤其是未婚女性参与的，所以在很多地方，这一天也叫作“女儿节”。

传统七夕节的主要民俗：乞巧

七夕节起源于纪念牛女相会，但在后世相当长的一段时间内，其主要的节俗和牛郎的关系其实不大，织女才是这一节日的主角。相应的，参与节日活动的主体，也是以女性为主的。传说中织女的针法非常高超，所以

---

1. 云梦秦简：1975年12月在湖北省云梦县睡虎地秦墓中出土的大量竹简，是战国晚期及秦始皇时期文物，即睡虎地秦墓竹简。

在七夕这一天，人间的女子便趁织女与牛郎相会的时候，祈祷织女能够将巧艺传给自己。所以乞巧就成了传统七夕节的主题。

传统的七夕节中，向织女乞巧的仪式可谓多种多样。从官方到民间，不同的地区也有不同的地方特色。

最著名的节俗当属穿针乞巧。《西京杂记》中“穿七孔针”说的便是这种习俗。南朝时期的《荆楚岁时记》中也有“**人家妇女结彩缕，穿七孔针**”的记载。一般来说，这种穿针活动，往往还要加入一点比赛的性质，称为“斗巧”，要比赛穿针谁能穿得更快、更好，才算是乞得了巧。而在后来的发展中，不同的地方又发展出了一系列新的“玩法”，比如对月穿针、暗处穿针、背手穿针等等，甚至七孔针已经不能彰显女性高超的技艺了，天津等地的女孩子还流行过穿九孔针。通过这样的比赛，实际上也体现了七夕作为一种节日，它的娱乐与社交的功能。

此外，既然是向织女“乞巧”，那自然也少不了乞求、祭拜的仪式。魏晋时期，“**其夜洒扫于庭，露施机筵，设酒脯时果，散香粉于筵上，荧重为稻，祈请于河鼓织女，言此二星神当会**”。七夕逐渐变成一种家庭的聚会，要摆香案、设供品，然后于月下向织女请求。具体的仪式和供品，各地依风俗和物产不同有很大的差别。除了常见的茶、酒、点心、水果之外，有些地方有供“针”的。这个针并不是缝衣服的针，而是少女提前几天将豆子泡在水里发出来的豆芽。摆上供品后，自然要祭拜织女，或者是画像，或者是泥塑的偶像，也有的地方直接对织女星祭拜。

七夕节既然是祈祷，那么也免不了有一些占卜的习俗。这其中最有名的就是用蜘蛛来占卜，或许是因为蜘蛛结网，与人们织布有相似的地方吧。像《荆楚岁时记》中有“**有喜子网于瓜上，则以为符应**”的说法，这个“喜子”，就是蜘蛛的意思。具体的占卜做法各地有差别，但一般都是抓一只蜘蛛，放在小盒子里，然后第二天如果结网了，或者结的网多，便以为“得巧”。

除此之外，吃巧食也是一种乞巧的方式，包括各种特制的巧果、巧饭等等。巧果除了各种时令的水果之外，一般会用各种油、面、糖混合，然后油炸成不同形状的面果果。也有的地方会烙各种形状的饼子，也有做各种糖人、面人的。总之，各地风俗不同，花样很多。至于巧饭，一般是面条、水饺一类，但有些地区加入了一定的社交元素。比如山东一些地方，过去有七个姑娘一起准备材料，一起包水饺吃的习俗。

除了乞巧，传统的七夕中，女性们还会向织女祈求很多东西，比如好姻缘、好容貌，甚至是大胖娃娃。而男性在七夕这天也不是完全缺席，也有适合他们的祈愿活动。

·传统七夕的乞美、乞子

作为一个以女性为主体的节日，传统的七夕节俗中，自然也少不了女性对美丽容貌的祈愿。比较有代表性的乞美节俗有以下几种。

以花朵汁液染红指甲。在没有各种化学合成的指甲油的古代，用植物汁液染红指甲是比较常见的一种化妆手段。不过对大多数普通人来说，这种对美的表达受到财力与社会的制约，平时是不太有机会显露出来的，而七夕节正好给了爱美的女性一个表达的机会。用来染红指甲的植物各地都有不同，比较常见的有凤仙花、月季花等。

用木槿叶洗头。在一些地方神话传说中，织女在七月七这天就是在机杼旁用木槿叶洗头，使头发乌黑亮泽，牛郎看了遂心生爱慕。所以后世七夕，有用木槿叶煮水洗头的习俗。这里面除了对美丽、清洁的追求外，也暗含了女性对爱情的渴望。

此外，也有些地方有用露水洗脸、沐浴的习俗。在江浙一带，有民间传说认为七夕的露水是牛郎织女约会时流下的眼泪，有清洁美容的效果。女子在七夕当晚将水盆置于屋顶，第二天用水盆中的露水洗脸、洗手，可以让眼睛明亮、心灵手巧。

在传统的农业社会，子孙的繁衍是头等大事，个人对爱情和美丽的追求在很多时候都是被压制的。而有没有儿子，也往往决定了当时社会一个已婚的女性在家庭中的地位。所以在七夕的祈愿中，自然也会有求子这一项内容。不过乞子的诉求往往不单独表达，而是隐喻在其他节俗当中。

比如，女性们在选择给织女的供品的时候，往往要选择多籽的水果；选择蜘蛛来乞巧，而蜘蛛有“喜子”的俗名；种豆芽来乞巧，也有“种生”的说法；等等。当然，也有比较直接的表达乞子愿望的。唐宋之后，逐渐在一些地方流行制作婴儿偶像，有蜡像也有木像。唐代的时候称其为“化生”，而宋代受到佛教的影响，称之为“摩睺罗”。

·传统七夕中的男性

传统的七夕有女儿节之称，是一个以女性为主体的节日。不过这并不是说在传统的七夕中没有男性的立足之地。也有一些节俗活动，是男性可以参与的。

在民间传说中，七月七日这天是魁星的生日，魁星掌文运，所以古代要考取功名的男子，在这一天也会祭拜魁星。祭拜的仪式倒也寻常，无非就是香案供品，祭祀偶像，然后聚众宴饮而已。此外，民间有“七月七，晒书衣”的俗谚，意思是七月七这天，要将旧衣服、旧书籍拿到太阳下晒一晒。这一习俗开始自汉代，大概与这一天立秋不久天气开始换季有关，后来这个习俗逐渐前移，融入了六月六。

·被压抑与隐藏的真实乞求

传统的七夕是一个以女性为主体的节日，其主要的节日内容为乞巧，故也被称作“乞巧节”。然而，乞来的“巧”，是做什么用的呢？或者说，女性为什么要去“乞巧”？这有什么好处？

答案其实是显而易见的。手巧，在传统的观念里被认为是女性重要的“美德”，善纺织也是女性在家庭中立足的重要技能。这样一种对“手巧”的强调，从根本上来说当然是传统农业社会“男耕女织”的家庭分工决定的。但一定程度上，在一个由男性掌握资源分配权力的男权社会，男性通过或明或暗的手段，对“优秀女性”标准的构建，在这种观念的形成中也起到了重要的作用。甚至于，很多女性自己也在潜移默化中认同了这种标准，认为“女人应当如此”。

然而，除了将女性工具化的“巧”的需求之外，女性也有对爱情的需求，对美好家庭生活的渴望。这些需求虽然在传统社会中被压抑和隐藏起来了，但也是真实存在的需求。我们可以从一些传统的文学作品中，窥见这种被遮掩的需求的一角。

比如，传统戏曲《长生殿》中，第22出《密誓》有“七夕乞巧，长生盟誓”的故事。这一出戏，名义上是唐玄宗和杨贵妃在七夕乞巧，实际上通篇并未祈求得巧，而是在讲述两人爱情的誓言。

当然，文学作品是男性构建的文本，可能也有些高高在上。那么主要由女性用俚语构成的《西和乞巧歌》（清代到民国甘肃西和女性乞巧节的歌本），则将女性的真实诉求表达得明明白白，如抱怨婚姻不幸的：“一样的戥子一样的银，女子不如儿子疼。 十二三上卖给人，心不情愿不敢嗯。”有抱怨抓壮丁的：“半夜里打门心上惊，保长领人进了村。”等等。

对爱情、对美好婚姻的追求，甚至对男女平等的追求，这些都是埋藏在女性心底深处的乞求，又岂是一个“巧”能涵盖的呢？

传统七夕节的衰败

传统的七夕节，以乞巧作为主要的节日主题活动，附带还有乞子、乞美等各种节俗活动，是我国古代社会中，为数不多的以女性为主要参与主体的重要节日。宋代文人的笔记《醉翁谈录》中曾记载：“**七夕，潘楼前买卖乞巧物。自七月一日，车马填咽，至七夕前三日，车马不通行，相次壅遏，不复得出，至夜方散。**”可以想见这是多么热闹的场景啊！

可是，从清代中期以后，传统以乞巧为主题的七夕节就逐渐衰败了。嘉靖年间的《澄海县志》记载：“**七日，旧俗妇女陈瓜果‘乞巧’，今无。**”光绪年间的《丹棱县志》也有记载：“**‘七夕’不重，绅士家间设香案、瓜果庆双星，穿针‘乞巧’鲜有知者。**”到清末民国时期，传统的七夕节最终淡出了人们的视野。

被发现与重定义：从乞巧节到中国情人节

和很多传统节日一样，传统的七夕节淡出了人们的视野，渐渐地只活在少数乡野老人的模糊记忆里。当然，传统的七夕节俗在这几年也开始缓慢地复苏，只是换上了“中国情人节”的新马甲。那么，本已逐渐沦为历史记忆的七夕节，是如何变成今天的“中国情人节”的呢？这还要从21世纪初开始说起。

·学界和官方

最早开始发掘传统七夕中的爱情元素的，是官方和学术界。实际上，从20世纪90年代中期以来，随着国家和西方交流的增多，很多西方文化传入国内，这其中当然包括一些西方的节日，像情人节、圣诞节等等。新文化的传入受到了很多国人尤其是年轻人的追捧，并在商家的推动下，过情人节成了一件很时髦的事。这种外来文化的传入，刺激到了一部分人的民族情绪，有些人开始考虑：为什么要过西方的情人节呢？我们中国人没有自己的情人节吗？

官方和学术界对这种思潮的变化是最敏感的。最早在1993年，有人就提出过要将七夕定义为中国的情人节，不过那会儿西方情人节也才刚进入中国，当时的国人对这种比较直接的表达爱情的方式还不太习惯，所以，这种想法并没有实现。到了 2002 年，河北省文联等几个组织在石家庄举办了“七月七爱情节”系列活动，其中包括由普通群众普遍参与的民俗活动，也包括了由专家、学者参与的学术研讨会。

今天回头再看，这次活动应该是在整个七夕节“被发现与重定义”过程中非常重要的一个节点。首先，这次活动在当时吸引了大量群众参与，据报道有几十万人。其次，这次的学术研讨会，比较系统地梳理了传统七夕节日中的爱情元素，并论证了将传统的七夕节“重定义”为“中国爱情节”的必要性和可行性。

这之后，包括 2006 年官方曾下文将七月七日命名为“中国情侣节”，并列入非物质文化遗产名录，也包括 2008 年牛郎织女传说被列入国家非物质文化遗产，等等。我们通常都认为，所谓“中国情人节”，是在商家的策动下出现的一个节日。但实际上，在这个过程中，学界和官方一直在背后掌握着政策和舆论的导向。

• 商家和媒体的推动

当然，七夕能够在今天成为广大民众普遍认可的“中国情人节”，这其中少不了商家和媒体的推动。

大约从 2004 年开始，大陆地区开始出现由商家举办的“中国情人节”主题活动，不过活动的内容，在当时可能有些“惊世骇俗”。比如在 2004 年、2005 年前后，在北京、南京等很多大城市，都有商家在七夕这天以“中国情人节”的名义举办“接吻大赛”，这在当时的舆论中实际上是引起了一定的争议的。

而七夕真正以“中国情人节”的名号进入大多数人的视线，是从 2006 年列入非遗之后。借着非遗的东风，再加上2006年是农历的闰七月，从官媒到网媒，纷纷都在炒作“双七夕”“中国情人节”等概念，比如中国经济网以《双七夕：制造“中国式浪漫”将赛过“2•14”》为题的报道，将七夕定义为“中国情人节”并与西方情人节对抗的意味非常明显。

这之后一直到今天，经过十几年商家和媒体每年一度的记忆强化，七月七日“中国情人节”的名号基本上在大多数中国人的心中确定下来了。

从乞巧节到中国情人节的原因

虽说现在大多数人也都接受了七月七日作为“中国情人节”的这一新身份，但很多读者可能还是会问：为什么会有这样的变化？这其实也不仅是七夕，很多传统节日都面临着这样的问题。像端午、元宵节甚至春节，这些年感觉都有些不一样了。除了前面说的媒体、商家推动之外，还有些更深层次的原因。

首先，从乞巧节本身来说。传统的乞巧节的节俗之前跟大家聊过，包括乞巧、乞子等等。这些节俗实际上与传统农业社会的生产生活方式密不可分。手巧、多子这些是可以直接决定传统社会一个女性在家中的地位的。

但是今天我们已经是工业社会了。不论是社会对女性的标准，还是女性自我的追求都有了很大变化。让如今的女性再去乞巧，乞来做什么呢？有学者做过调查，就连今天的中国男性都已经不将“手巧”作为择偶的主要标准了。

至于乞子，那就更是与今天社会格格不入了。如今的女性不需要儿子来巩固家庭地位，而且现在的年轻夫妻莫说乞子，很多人本身就不想要孩子了。随着经济发展、受教育水平提升，生育意愿下降是世界通行的规律。而乞智、乞美等传统节俗，也遇到同样的问题。

其次，今天的人们需要情人节，更需要“中国情人节”。传统中国人表达爱情的方式是非常含蓄的，但这种含蓄如今已经发生了巨大的变化。随着我们与外部世界交往的加深，越来越多的年轻人希望能够大胆、直接地表达自己的爱情。这也是为什么从 20 世纪 90 年代开始，西方情人节在中国大火的原因。

同时，在与异文化的交往过程中，也刺激了人们对本民族文化的自觉。“中国没有自己的情人节吗？”这样的疑问，实际上是促进七夕向中国情人节转变的一个意识起点。最终，在社会各界的共同努力下，将传统七夕中的爱情元素剥离并凸显出来，乞巧节也就变成了“中国情人节”。

如何过中国情人节

从乞巧节到中国情人节，这无疑是一个文化重构的过程。在这个过程中，自然也会产生各种不同的声音。极端一些的，有人觉得传统无用，也有人要完全复古。那么，我们到底该怎么过一个“中国范儿”的情人节呢？我觉得无非是八个字：中西兼顾，开心就好！

其实说到节日，让大家都“过起来”，也就是都参与进来是第一位的。只有这样，一个节日才能算是“活的文化”。在这个基础上，我们才可以考虑该怎么过的问题。

情人节的核心是什么呢？当然是爱情！而爱情是两个人的事情，所以，如果你们两人觉得烛光晚餐和巧克力可以代表你们的爱情，那当然是可以的。不过既然是中国情人节，那也不妨加入一点七夕的元素。和你的爱人一起去制作一份喜鹊形状的手工巧克力，这主意不错吧？恰好还暗合了咱们传统七夕中吃巧食的节俗呢！

另外，传统七夕中有乞巧的节俗。虽然前面说了，对现在的女性来说，乞来巧似乎没什么用，但作为一个节日的浪漫点缀，女红针线是不是可以拿起来呢？哪怕学不会刺绣，十字绣也是可以的吧？

总之，在现今这个时代，不论是中国的还是西方的，爱情的符号和元素真是到处可见。选择你们喜欢的，送给你们所爱的。毕竟这爱情啊，两个人用心才是最重要的。

到底什么是中元节？今天我们还该不该烧纸祭祖？

偶来人世值中元，不献玄都永日闲。

寂寂焚香在仙观，知师遥礼玉京山。

——唐·令狐楚

中元节，这是传统祭祀礼俗里面一个很重要的节日。注意观察生活的读者应该会发现，每年到了这个时候，街边总会有很多通过烧纸来纪念逝者的人。这几年随着网络舆论空间的发展，很多原本习以为常的事情都会在网上引起争议，中元节烧纸也是如此。有人认为这是传统文化，也有反对者认为这是封建迷信并且污染环境。借着这个话题，我就跟大家聊聊，到底什么是中元节，以及在今天，该怎么看待祭祀祖先这种行为。

七月十五、中元节、盂兰盆节，这个节到底叫什么？

农历的七月十五这一天，民间有很多叫法，现在来说比较常见的是中元节，但也有直接叫七月十五以及盂兰盆节的，此外还有鬼节、瓜节（因为祭祀必须有西瓜而得名）、敬孤节等等不同的名字。当然最常见的还是前面三种。一个节日为什么会有这么多名字？这得从中元节的来历说起。

以七月十五祭祖荐新这个活动来说，最早的历史可以追溯到先秦。《礼记·月令》记载：**“孟秋之月……是月也，农乃登谷，天子尝新，先荐寝庙。”**这可能是七月十五荐新祭祖最早的记录了。当然，在之后的很长一段时间里，这一天并没有什么特别的名字，大家就以日期相称。

后来到了汉魏晋南北朝时期，佛教这种外来的宗教传入了我国。新的宗教要想扩大影响，必然要借助一些民间的风俗，而普通的老百姓也需要宗教来抚慰心灵。传统的七月十五就在佛教的“借助”中产生了一些变化。写于南北朝时期的《荆楚岁时记》中记载：**“僧尼道俗，悉营盆供诸寺院。按《盂兰盆经》云，有七叶功德，并幡花歌鼓果食送之，盖由此也。”**这应该是关于盂兰盆节比较早的记载了。此外一并流传的还有佛教中“目连救母”的故事，这个故事也逐渐演化成戏剧，成为后世盂兰盆节的保留项目。

而本土的宗教道教也不甘人后。早期道教产生于汉代，其理论中有天官、地官、水官的说法。可能也是为了借助民间有七月十五祭祖的习俗吧，道教把七月十五日定为地官的生日，称作“中元”。相应的天官和水官的生日，也被称作上元和下元（农历正月十五和十月十五）。地官主管赦罪，所以在这一天，道观中会举办大型的斋醮活动，赦免亡灵的罪过。信众也自然会参与进来，为自家逝去的亲人祈福，希望他们在阴间过得更好一点。

中国人的信仰有一个很大的特点，就是秉持一种实用主义的精神，大多数人都是哪家神仙灵就信哪家，这跟西方的一神教信仰不一样。这种多神信仰在七月十五这个节日上反映得很明显。佛家、道家和我们的传统祭祖习俗逐渐地融合在一起，所以经过隋唐，到了宋朝的后期，大家基本上接受了“中元节”这个来自道教的节日名称，同时又保留了佛教盂兰盆节的节俗，自然也不能丢下最古老的家族祭祀。所以这中元节，从名称到节俗，实际上都是多方“嫁接”出来的，非常多元。这之后一直到今天，除了新中国成立后的几十年，中元节基本上都是我国民间一个很重要的祭祀亡灵的节日。

中元节的民俗

传统的中元节传到今天，也依然是一个以祭祖、荐新为主题的很重要的祭祀节日。不过大致来说，南方要比北方更重视一些。如今比较常见的中元节俗，有这么几种。

首先，对大部分的普通人来说，中元节主要的习俗就是祭祖，当然在农村，还保留着荐新的习俗。目前在城市中祭祖的习俗已经非常简单了，无非也就是找个路口烧点纸，稍微正式一些的会在这一天祭扫一下先人的墓地。而在农村则更复杂一些。像山东这边的一些农村，祭祖通常是农村中家族的集体活动，通过放鞭炮等方式将祖先的魂魄迎回家里，家中要供奉祖先牌位，并摆上供品。供品的内容比较灵活，除了瓜果等常规物品，也可以放些祖先生前喜爱的事物。整个祭祀可能要持续数天，其间更有许多言语行为方面的忌讳。

同时，由于中元节是在秋季，正是农作物收获的季节，所以在祭祀的时候要向先人献上新收的粮食。一方面是向先人报个平安，另外也请先人继续保佑丰收。

其次，在我国的很多地方，尤其是南方地区，还保留着盂兰盆节的习俗。盂兰是梵语的音译，本意是解倒悬[1]，而盆是盛放供品的容器，所以盂兰盆节的目的就是解救亡灵的倒悬之苦。传统的盂兰盆节的内容大致包括设

---

1. 解倒悬：出自《孟子•公孙丑上》：“民之悦之，犹解倒悬也。”也就是解除民众困苦的意思。

坛做法、诵经、放焰口、放河灯、放路灯、焚送法船等等。以佛教本身的教义来说，盂兰盆节的法事主要是为了解救孤魂野鬼的。但对众多的信众来说，当然还是为了祈求已逝的先人灵魂安宁。不过，盂兰盆节流传至今，中间又经历过几十年的断绝，在今天各地的习俗中也产生了很多地方特色，这个就不具表了。

再次，现在我国很多地方，还留存着中元节放河灯（海灯）的习俗。放河灯的习俗大致产生于唐代，最早的时候是佛教盂兰盆节的一项内容。放河灯的目的，自然是为了河上飘荡的那些孤魂野鬼，为它们祈祷的。不过，由于这项活动很有趣，也很适合全家人一起参与，所以逐渐地就从盂兰盆节中独立了出来，成了一项单独的节俗活动。

中元祭祖，我们到底在祭什么？

回到开头说的那个话题，烧纸祭祀是封建迷信吗？或者说，我们为什么要祭祖？更进一步的，在今天这个时代，过中元节有什么意义？

古人祭祖，或多或少有向祖先祈求保佑的意思。都说中国人的信仰复杂功利，但对祖先的信仰是一以贯之的。不过这种求祖先保佑的想法，在今天的这个时代，尤其是在年轻人心中已经越来越淡了。

除了对祖先有所求之外，更多的时候人们祭祀祖先，主要还是表达一种对逝去的亲人的怀念之情。剥开种种宗教的、神怪的仪式外衣，这种对亲人的思念，我觉得才是祭祖活动的核心情绪。而这，也恰恰是中国人孝道的重要要求。

同时，在今天的很多农村，祭祖活动通常是以家族为单位的集体活动。现在农村的年轻人都外出打工了，平日里亲族的联系也越来越少。借着祭祖的机会，让整个家族的人都尽可能地聚一聚，也是如今祭祖活动的一项重要功能了。

当然对于一些网友的反对意见，其实在今天这个年代，在公共场合、马路边上烧纸，确实是污染环境。至于改善的办法，我觉得倒不宜一刀切，哪怕在全市设几个统一祭祀的地点呢？毕竟移风易俗这种事，得是个细水长流的功夫活儿。

古人过中秋节，可不只是吃月饼这么简单

明月几时有？把酒问青天。不知天上宫阙，今夕是何年？

——宋·苏轼

春节、清明节、端午节、中秋节，这是近代以来大家普遍认可的四大传统节日。在这四个节日里，如果正式地作为一个节日来看，中秋节算是最年轻的，但其相应的节日习俗，如果追溯渊源的话，同样可以向上追溯很久。在中秋节逐渐形成以及发展的过程中，也产生了很多有趣的传说故事，流布最广的有嫦娥、玉兔、吴刚等等，这些故事背后也有着相应的民俗逻辑。下面，咱们就来仔细聊一聊关于中秋节的历史和传说吧。

关于中秋节的传说

关于中秋节的传说自然是很多的，而最为人们所熟知的，自然是后羿、嫦娥、玉兔、吴刚。

·传说一：嫦娥奔月

嫦娥奔月，这是一个著名的神话传说故事，大致的情节是后羿从西王母那里得到了不死药，嫦娥偷吃不死药之后飞升到月亮上成了仙人。但传

说的细节却有很多不同的版本，十分有趣。比如我们可以问一个问题：嫦娥为什么独自飞升，而留下了丈夫呢？在历代的传说和文人杜撰里，就有这么几个版本。

有说法认为，嫦娥和后羿夫妻感情不好，嫦娥为了反抗夫权，于是吃了不死药，独自离开了。在传统的男权观念下，嫦娥这种行为无疑是大逆不道的，所以很多传统文人对其大肆批判，甚至丑化嫦娥，说她飞到月亮上之后受到了惩罚，变成了一只丑陋的蛤蟆。

还有一个版本给嫦娥“窃”药的动机做了合理的解释。《淮南子》里有这么一个故事，说和后羿同时期也有一个善射的猛人叫逢蒙，他听说后羿求得不死药之后就想要趁后羿不在家去硬抢。嫦娥情急之下只好把这个药自己吞下，飞升到了月亮上。

再有一个版本就比较八卦，这一说法来自屈原的《天问》，里面有一个故事说后羿杀死了河伯，并霸占了河伯的妻子。嫦娥对后羿这种婚内出轨的行为非常生气，于是拿了他的不死药离家出走了。

关于嫦娥奔月的动机，各种传说真是非常多，这些传说背后有什么深意吗？民俗学家们对此有个解释，我觉得还是挺有道理的。在中国古代的很长一段时间里，月亮与女性的生育是被联系在一起的，月神也是掌管生育的神灵。所以嫦娥奔月这个故事，最原初的形象可能来自远古时期女性求子的某种仪式。女子对月舞蹈，试图缩短和月亮的距离，以达到求子的目的，这可能是嫦娥奔月这个故事背后的本意。

• 传说二：月亮上有玉兔

广寒宫里的捣药兔，也是与中秋、与月亮有关的经典的神话形象之一了。而且和嫦娥、吴刚这种“中国风”的神话传说不同，月亮上的兔子可以说是一个世界范围内流行的传说，除了中国之外，在美洲的印第安人、非洲的祖鲁人、南亚的印度人的神话中，都有月亮上的兔子的神话形象。那月亮上为什么会有兔子呢？

直接的原因大约和月亮上阴影的形象有关。古人在地球上观察月亮，看到月亮上阴影的形象，自然就展开了联想，从某些角度观察，圆月时的阴影确实和兔子有几分相似，于是就有了类似的传说。但更重要的原因，可能还是月亮与兔子与先民的生育崇拜之间，能建立起某种联系。

繁衍后代，这对先民们来说是非常重要的事情。所以在很多原始人类群体中，就产生了对那种特别能生养的动物的原始崇拜，比如兔子、鱼类、蛇类、蟾蜍等等。而且人们通过观察，发现兔子和月亮还有某种奇妙的联系：月亮圆缺的周期是 29 天左右，而成年的兔子怀孕的周期也是 29 天左右，同时野生的兔子通常会在夜间分娩。或许也是因此，世界各族的先民们才不约而同地将月亮和兔子联系起来吧。

• 传说三：吴刚伐桂

在中国的很多神话中，男女角色往往成对出现，如果一开始是独自一人，那后人们往往会选择给她（他）配上一个伴儿。比如先有了西王母，后来人们又对偶地塑造了东王公。嫦娥独自在月亮上，所以后来又出现了吴刚。从时间上来说，两个传说故事其实差了很久，嫦娥奔月的故事最早见于先秦典籍，而吴刚伐桂的传说，大概是在唐代以后才见到的。

吴刚为什么伐桂呢？最早在段成式《酉阳杂俎》里的故事版本是“学仙有过”，也就是修仙的过程中犯了错误，被罚到月亮上砍树。那吴刚犯了什么错误呢？有民间传说认为，吴刚和嫦娥有私情，所以被天帝惩罚。

而在另一个传说中，吴刚则成了一个贪心的反面典型。这个故事是说，吴刚、吴强兄弟两人，吴刚很贪心，分家的时候只给了弟弟一把斧头。但弟弟吴强很勤劳，拿斧头上山砍柴换钱。有一天吴强砍柴的时候遇到一头神牛，神牛把他带到月亮上，让他摘了一些桂树的仙果。后来吴刚知道了这件事，也找到了神牛。但到了月亮上之后，吴刚特别贪心，他想把桂树砍倒带走。但桂树是仙树，怎么也砍不倒，神牛不等他便离开了，吴刚就被留在了月亮上。

但不管什么原因，吴刚最早是一个比较悲惨的形象，虽然也是长生不老的仙人，但永远都在受罚。但经宋元到明清时期，吴刚的形象逐渐有了明显的变化，吴刚也开始承担起很多其他的“工作”。比如中国古代有“蟾宫折桂”的说法，用来代指考上功名，后来人们就把吴刚伐桂和蟾宫折桂联系起来，读书人纷纷祭拜吴刚，求他保佑自己考取功名。再比如吴刚伐桂用的那把斧头，《诗经》中就有“伐柯斧”的说法，人们用其指代媒人。到了明清时期，吴刚的斧头和伐柯斧也逐渐混用，吴刚也就有了月老的身份，帮人牵媒拉线，比如“吴刚修月者，合结仙姻娅”。此外，因为“桂”和“贵”同音，所以明清时期也有将吴刚当作财神的，希望能获得吴刚砍下的“贵”树枝，大富大贵。总之，最早受罚砍树的吴刚，到了明清时期，竟然变得“忙”了起来。

关于中秋的历史

神话传说可以看作是节日历史的一种映射，但毕竟不是真的历史。在四大传统节日里，中秋节作为一个正式的节日的时间相对较晚，但它的一些节日习俗，都是有着比较深的历史渊源的。

中秋节的主要习俗大抵都与月亮有关，其历史可以一直追溯到上古时期的月亮崇拜。日月是原始先民最先注意到的天体，先民们在逐渐体察日月随时间而变化的规律的同时，一方面逐渐形成了自己的时间观念，另一方面也产生了早期的对日月的崇拜。到商周时期，这种崇拜逐渐固化为一套完整的礼仪规程，成为一种与天地沟通的方式，为国家政权垄断，也是国家政治权力的重要组成部分。在周代，每年秋分，周天子都要率文武百官于西郊祭月。这种官方主持的祭月活动一直持续到明清时期，北京现在的月坛公园，就是明清时期帝王祭月的地方。

不过先秦时期对日月的祭祀，是国家政权垄断的权力，独属于周天子。一直到秦汉时期，对普通庶民来说，日月这些天体都是有着神秘莫测的力量的，是神灵、大能，像后世中秋赏月、玩月之类的习俗，在当时是没有的。一直到唐宋时期，伴随着原始巫术痕迹逐渐褪去，国家不再垄断祭祀日月的权力，平民对月亮的态度也相对亲近起来，赏月、咏月等习俗开始出现，中秋节作为一个正式的节日也是出现在这一时期的。唐宋以来，传统节日的“神性”逐渐减退，“人性”逐渐凸显，许多传统节日都逐渐往狂欢节的方向发展，中秋节也是如此。像宋代的中秋节，已经有了一天的假期。在这天的夜晚官方取消宵禁，不管是贵族还是平民，也不管男子女子都可以通宵达旦地上街游玩、赏月、饮酒狂欢。

唐宋时期，中秋节只是众多传统节日之一，地位并不凸显。中秋节真正成为四大传统节日之一，是明清之后的事情。明清时期，民间开始普遍地出现祭月、拜月的习俗，而且不同于前代男女皆可拜月，男求功名，女求美貌，明清以后拜月的行为逐渐成为女性的专属，民间有“男不拜月，女不祭灶”的说法。

提到中秋的节日食品，我们首先想到的肯定是月饼。月饼的雏形有先秦的太师饼、汉代的胡饼等各种说法，宋代似乎也有在中秋吃饼状点心的习俗，但正式将这一点心定名为月饼，应该是明初的事情。民间传说有以月饼作为抗元起义信号的故事，虽然只是个传说，但也能反映当时民间是有在中秋吃月饼的习俗的。早期的月饼大致可以分为两类：一类是祭月的祭品。这种月饼比较大，直径大约能有几十厘米，做法也是内填各种馅料，外皮上刻着玉兔蟾宫等关于中秋节的符号。祭月仪式结束后，一家人将月饼切开分食，也有的地方会把祭月的月饼放到除夕再分食。另一类月饼也叫“团圆饼”，和我们今天的月饼就比较相似了。不过明清时期的月饼除了是一种节令的点心之外，也是一种社交媒介。当时每到中秋节，有邻里亲朋之间互赠团圆饼的习俗，表达一种对团圆的祝福，也体现了中国人对阖家团圆的重视。这种习俗也一直流传到今天，不过现代人往往营养过剩，重糖重油的月饼实在是不敢多吃了。

自上古时期起，人们就将月亮与女性、生育这些联系在一起，嫦娥奔月的故事可能体现的就是一种原始的求子仪式。明清时期的中秋节，也有许多与求子有关的习俗。比如江南地区，明清时期有女性中秋夜游的习俗，女子在这一天结伴出行，沐浴月光，或走桥或爬塔，这些行为背后都有乞子的诉求。南方还有的地方有中秋偷瓜的习俗，从田间偷瓜后将偷到的瓜送给不育的夫妇，这也是一种祈子的活动。

清宫里的中秋节

得益于最近这些年清宫剧热播，很多朋友对清代的诸多皇帝以及皇帝的后宫都非常熟悉了，这其中尤其以乾隆皇帝名气最大，出镜最多。不过，那些热播的清宫剧里面，乾隆皇帝总是忙着周旋于后宫众佳丽之间，虽然忙得也是不亦乐乎，但其实这都是剧情需要。乾隆皇帝作为一个有作为的皇帝，主要的精力肯定不能放在后宫里。而且，这些影视剧中对传统的节日描述都不太多。要知道，皇家过节和咱们老百姓可不一样，除了有节庆生活方面的内容，很多时候节日的祭祀也好礼仪也罢，实际上是有非常重要的政治意义的。所谓“国之大事，在祀与戎”，就是说的这个道理。

在这节的最后，我就跟大家聊聊，乾隆皇帝是怎么过中秋节的。也算是管窥一下，看看这古代皇室过节，到底是怎么个景象。

·乾隆皇帝在哪里过中秋？

首先要说的一个问题就是，乾隆皇帝是在哪里过中秋节的？可能有的读者会奇怪了，皇帝不就住在北京的故宫里吗？过节还能去哪里？其实还真不是这样。乾隆皇帝是少见的古代高寿皇帝，活了 89 岁，在位 60 年。有学者统计过，在这 60 年里，乾隆皇帝有 43 次中秋节都是在避暑山庄度过的，剩下的 17 次是因为各种原因才留在了北京过中秋。

乾隆皇帝为什么独爱在避暑山庄过中秋呢？这又牵扯到清朝两个重要的活动：万寿节和木兰秋狝。

首先说万寿节。古代皇帝称万岁，万寿节自然就是皇帝的生日。乾隆的生日是农历的八月十三日，和八月十五中秋节就差两天。皇帝的生日可是大日子，所以乾隆朝的中秋节一般和万寿节连着过，场面特别盛大。

然后就是木兰秋狝。清朝是在马背上得天下，整个清朝的前期也一直很重视八旗子弟骑射本领的培养，所以有木兰围场围猎的定制。木兰围猎一般是在秋季，所以也叫秋狝。这一习俗在很多清宫剧中倒是有所反映的。

在乾隆之前，木兰秋狝一般是在农历七月末、八月初。但乾隆的生日是八月十三，要是在八月初出发去围场，那万寿节肯定赶不回来了，所以就只能延后。但要是在八月下旬再从北京出发，又错过了围猎的最好时机，所以只能从北京和围场之间选个地方过万寿节。这个地方自然就是避暑山庄了。之所以修建避暑山庄，除了给皇帝避暑之外，也有作为秋狝途中的行宫的意思。所以自乾隆朝开始，木兰秋狝的日子就推迟到了八月十六以后。

·乾隆过中秋都做什么？

那么，乾隆皇帝在中秋节都做些什么呢？对一般百姓来说，中秋节是个阖家团圆的日子，家人相聚，主要的活动便是吃喝玩乐。皇室的中秋节虽然也少不了这些娱乐内容，但还是多了一些政治性在里面。

首先说皇室的礼仪是非常严格的，凡事都要有规矩，过节也不例外。按《清史稿》记载，在中秋节要举行月供活动，在烟波致爽殿院内摆月供时，有供品 28 种。月供之后，赏宫内众人。随往山庄的人数也有定额，包括皇后、贵妃及妃 4 位、嫔 5 位、贵人 3 位、常在 4 位、阿哥 7 位等，每位亦赏赐自来红月饼一盘。北京至承德 300 多里的道边树木上也披红挂彩，装饰一新。

其次，节日活动也是皇家维系统治的一种手段。乾隆在位时，因为中秋节是和万寿节连在一起过的，皇帝过寿有官方的庆祝活动，文武百官、八旗宗室、蒙藏首领、附属国使臣等各方重要人物，都齐聚避暑山庄。紧接着的中秋节，这些人自然也就跟皇帝一起过了。尤其是各个少数民族的首领、附属国的使臣等人，皇帝会赏赐他们宴饮、看戏等等，实际上这些都是清朝民族政策的组成部分。

当然，毕竟是过生日、过节日，各种欢快的娱乐活动也是少不了的。不过以今天人的眼光来看，古代人的娱乐活动还是非常单调的，即便是贵为皇帝，也摆脱不了时代的局限。乾隆皇帝的中秋节，除了吃月饼和常规的宴席之外，最大的娱乐活动也就是听戏了。

至于乾隆中秋节听戏的盛况，清人赵翼在他的笔记《檐曝杂记》里有这么一段记载：

……中秋前二日为万寿圣节，是以月之六日即演大戏，至十五日止。所演戏，率用《西游记》《封神榜》等小说中神仙鬼怪之类，取其荒幻不经，无所触忌，且可凭空点缀，排引多人，离奇变诡作大观也。戏台阔九筵，凡三层。所扮妖魅，有自上而下者，自下突出者，甚至两厢楼亦作化人居，而跨驼舞马，则庭中亦满焉。有时神鬼毕集，面具千百，无一相肖者。神仙将出，先有道童十二三岁者作队出场，继有十五六岁、十七八岁者。每队各数十人，长短一律，无分寸参差。举此则其他可知也。……

赵翼所说的这个戏楼，“戏台阔九筵，凡三层”，便是避暑山庄里面的清音阁大戏楼，确实是清宫里面最大的一个戏楼，被当时内监人员戏称作“大爷”。

除了看戏之外，作为中秋节的传统保留项目，赏月自然也是必不可少的娱乐活动。中秋之夜，乾隆赏月的地方一般会在避暑山庄里的云山胜地。该地在避暑山庄的寝宫烟波致爽殿的后面，是宫殿区的最后一进院落，为踞岗背湖的两层楼阁，用假山当楼梯，构筑精巧。云山胜地视野开阔，居高临下，湖光山色，尽收眼底，是赏月的好去处。

云山胜地楼上偏西有个佛堂，名为“莲花室”，里面供奉着观音的玉像。每当中秋月圆之日，随行避暑山庄的后妃们还会来此祭月。这个祭月与秋分月坛的官祭不同，更多的是后妃们的“小心思”，倒与民间祭拜比较类似。乾隆皇帝还有过一首《题莲花室》的诗：“云山胜地耸高楼，静室莲花楼上头。”说的就是这个莲花室。

除了赏月之外，乾隆在避暑山庄过中秋，还有一个挺特殊的游玩活动，就是赏荷。一般来说，赏荷都在夏季或初秋，荷花到了中秋就已经凋谢了。但这就是避暑山庄特殊的地方了。因为避暑山庄的池子里接的是温泉，所以荷花的花期要比外面更长一些，会出现荷桂并开的局面。所以乾隆在《中秋即事》中就有“吴仙修处叶全绿，周子爱时花尚红”的诗句，用“吴刚伐桂，周敦颐爱莲”，描述了荷桂同开的景象。

• 对月吟诗：乾隆皇帝的小爱好

除了是大清朝的皇帝之外，乾隆皇帝还特别重视自己的另一个身份：诗人。乾隆留下的诗作非常多，目前留下的与中秋有关的诗作就有百余首。这些诗作的水平咱不置可否，不过诗作里保留的“中秋记忆”还是比较有意思的。我就选几个片段，跟大家一起感受一下。

乾隆本人属兔，玉兔又是中秋很重要的传说，所以乾隆的中秋诗作中玉兔、蟾宫之类的内容是不少的。比如这首《月兔》：“月兔爰爰桂树边，广寒轮廓遍三千。岂知放眼青天外，极大圆中一小圆。”跳出地球外看地月关系，想象力还是挺丰富的，不过乾隆皇帝这首诗的水平，只能说比较朴实吧。

吴刚伐桂也是中秋著名的传说之一，八月又是桂花飘香的时节，所以乾隆的中秋诗中当然也少不了这个题材。比如《中秋夕即景》里有“天香盆桂放，即是广寒枝”的句子。再如前面提过的感慨荷桂同开的诗句：“底知塞苑胜禁苑，仍有荷花傍桂花。”等等。

除了这些诗作，在今本《御制诗集》里，还留下了乾隆皇帝的一些诗注，也就是乾隆对诗作写的一些随笔，这里面的内容更为丰富。比如同样是中秋赏月，如果出现了月食或者云遮月，看不到月亮了会怎么办呢？《御制诗集》的诗注里就有些记载，例如乾隆五十八年（1793 年）的中秋节，前半夜月色甚好，后半夜却下起了雨，乾隆皇帝在诗注中就说：

> 自前月二十及月之初六两次得雨，俱不过寸余，虽残暑顿消，秋禾亦将次收竣，而布种二麦，正资雨泽，未免又殷企望。前十四夜间，得雨二寸，兹又得此继霖，农人喜得乘时播种。

中秋节作为我国一个重要的传统节日，不管是皇室还是民间，都是非常重视的。而皇室过中秋，和民间还是有些不同。除了规模排场上更加宏大铺张之外，还有着特定的政治意味。这也是皇室节俗的一贯特点了。而乾隆皇帝的中秋节，由于和万寿节挨着，内容和规模上比之一般的皇室中秋还要更大一些。

从乾隆皇帝的诗作中，能够反映出皇室中秋的一些节俗内容。同时，诗作除了体现出乾隆的些许才情，也体现了他作为皇帝对民生的关注，这点在诗注中更为明显。

重阳节的历史与名称演变：改名字似乎是延续传统的好办法

独在异乡为异客，每逢佳节倍思亲。

遥知兄弟登高处，遍插茱萸少一人。

——唐•王维

农历九月初九，是传统节日重阳节。现如今年轻的朋友说起重阳，总会跟“夕阳红”联系起来，认为这是一个以敬老养老为主题的节日。但实际上如果是有点年纪的朋友应该有印象，国家大规模地开始宣传在重阳节敬老爱老，大概是二十世纪八九十年代的事，甚至在一些官方文件中，重阳节的名字都被改成了“老人节”“敬老节”等。在这之前，重阳节和很多传统节日一样，经历过一段时间的沉寂。而再往前算，重阳节的历史可以一直追溯到汉朝，在我国的传统节日里也算是比较悠久的一个。但古代的重阳节，节俗内容跟现在就不大一样了，敬老爱老虽然也是内容之一，但并不是最重要的，其节俗活动和文化诉求要丰富得多。传统的重阳节是什么样的？为什么近几十年重阳节会发生这么大的变化？这些变化对我们传承传统文化有哪些启示？这些都是值得思考的问题。

历史上的重阳节

关于重阳节的起源，最早可以追溯到先秦时期。在《楚辞》《易经》中开始出现重阳的说法，在农历九月上旬，民间也开始有祭祀先祖、乞求丰收等活动，但此时农历九月九还并没有成为一个固定的节日。九月九正式成为节日，大概要到东汉时期。《四民月令》中有九月九采菊的习俗，汉献帝时也曾在九月九这天赐宴群臣。汉魏之际的曹丕，曾经在与臣下陈群的书信中写道：**“岁往月来，忽复九月九日。九为阳数，而日月并应，俗嘉其名，意为宜于长久，故以享宴高会。”**大意是说，当时的民间普遍认为“九”与“久”谐音，有长久、长寿之类的说法，九月九是个好日子，这一天人们有宴饮、登高等习俗。再往后，晋人葛洪在《西京杂记》里追记汉事，说西汉时期在九月九这天，有佩戴茱萸、吃蓬饵、喝菊花酒等习俗，是为了追求长寿。从这些记载中可以看出，起码到汉魏时期，传统重阳节比较重要的几个习俗，包括登高宴饮、佩戴茱萸、赏菊这三项都已经具备了。那重阳节节俗的动机或逻辑是什么呢？也就是说，人们为什么要选择在这一个时点上做这些事情？这方面的说法就比较多了，也体现了传统重阳节的文化诉求。

有人认为，重阳节的习俗中，体现了古人避瘟保健、趋吉避凶的诉求。这其实也是中国传统节日文化中的一大类诉求。按照现今人类学家们的观点，古代很多时候人们缺乏科学知识，会把两件事之间偶然产生的时间先后关系，误解为一种因果关系，于是就有了一系列诸如做了什么事就会导致什么好的或坏的结果之类的说法，有些说法至今还有很多人相信。重阳节的习俗，其实也有很多这样的说法。有一个比较有名的故事是这么说的：“东汉时有个人名唤桓景，他的师父是当时著名的方士费长房（便是悬壶济世的那位）。有一天师父就跟他说，‘你们家九月九日会有大灾，我教你个办法，你赶紧回家处理一下吧！你回去以后让你全家人都佩戴茱萸，然后在九月九这天登高并饮用菊花酒。’桓景回家之后照做，结果当天晚上和家人登高饮酒归来，发现家中饲养的家禽、家畜都死了。费长房就说，‘这些动物就是替代你和你的家人受灾了。’”这个故事有很明显的道教痕迹，其中提到的几种避灾之法，都是重阳节常见的一些习俗。所以后来这个故事传播开去，就有人认为这是重阳节会有这些习俗的原因。

重阳这个日子，到底是好还是不好呢？这其实难讲得很，因为两方的说法其实都是有道理的。一种说法认为，九九与久久谐音，代表着长长久久，引申为长寿，所以当然是好事情。但也有人从阴阳的角度指出，九是最大的阳数，九九重阳就是阳的极致，所谓物极必反，阳到了极致自然就要转向对立面，所以是不好的。一个日子本身无所谓好坏，如果我们从科学的角度尝试着解释一下，或许跟重阳节前后的季节变化有一定的关系。农历九月初九，一般来说都是晚秋了，秋意正浓，冬季将至，北方地区气温已经比较低，而且秋天还有秋燥一说，尤其是老人和孩子容易出现各种呼吸道疾病。按中医的说法，这大多属于风邪入体之类的病症。对应重阳节的习俗，茱萸、菊花其实都有药用价值，《神农本草经》里讲茱萸可以“逐风邪，开腠理”，菊花也有清热解毒的功效。从节日习俗的产生逻辑上来说，或许是人们发现这些植物在应对季节性疾病方面有一定作用，所以才逐渐地固定成了一种习俗。

中国古代的节日，除了与超自然力量的沟通之外，往往还是一个人与人交往的过程。而且时代越往后，节日的“神性”越弱，巫术色彩越淡薄，而人性却越发浓烈，重阳节也是这样。重阳节的诸多节俗当中，也体现了很多人们维系社会关系的诉求。趋吉避凶、避瘟保健，这些诉求不仅仅是对自己，也是对自己社会关系中比较亲近的人。所以在古代的重阳节，我们会看到古人的各种社交活动，走亲戚、会朋友，甚至帝王将相也要在这个时候表达对自己下属的关怀，这也是一种领导艺术了。社交的过程当然要有个礼尚往来，于是各种茱萸、菊花制成的礼品也就应运而生，比如茱萸香囊、菊花糕、菊花酒等等。重阳节饮菊花酒，据说有长寿之功效。由于流行聚众宴饮，所以也给我们留下了诸如陶渊明饮酒、孟嘉落帽之类的故事。当然，抛开相对功利的社会交往不谈，在秋高气爽的季节里，登高远行本身也是一种很好的娱乐活动。

我们今天说到重阳节，往往想到敬老爱老。在古代重阳节中，针对老年人群体的一些特殊活动，确实也是重阳节的一项节日内容。重阳节处于季秋之月，《礼记》记载：“**季秋之月……月也，大飨帝，常牺牲，告备于天子。**”在这个月里，一年的农事活动基本上已经结束，不管是否取得了丰收，总是要上告天地，祭祀先祖的。汉代以后，这种祭祀活动和养老逐渐结合在一起，皇帝有时会在这个时候赐予年老者牛酒等福利，或者一些免税的特权。而在乡间里聚的祭祀之后，也会将更多的“祭余”分给年老的人。

名称的变化与启示：我们该怎么传承传统节日？

重阳节的名称在近代以来其实发生过几次变化。第一次是民国时期，1942 年的时候，考虑到重阳节传统上有登高的习俗，所以国民政府将其设定为“体育节”，当然很快这个体育节就不了了之了。我国对重阳节的重新命名，大致是在 20 世纪 80 年代，北京将重阳节设立为北京市的敬老日，后来又有很多省份响应，出台文件将重阳节设立为“老人节”“老年节”等。然后到 2012 年，全国人大修订通过的《老年人权益保障法》中，正式把每年的农历九月九日定为“老年节”，重阳节算正式有了一个新名字。

和民国年间的那个体育节不同，这次重阳节的新名字可谓是深入人心。最近几十年，各地重阳节的敬老爱老活动可谓是风风火火，老百姓也逐渐接受了重阳节的这种“新身份”。最近这些年，很多传统的节日文化都遇到了传承的困难，重阳节一度也是这样。但通过这次重新命名，等于说是让行将消亡的重阳节，又重新活了起来。这无疑能给其他传统节日的传承带来一定的启示。

传统节日的节俗有很多，这其中有一些能够符合现代人的需求，而有一些已经不符合人们的需求了。以重阳节为例，随着现代社会文明程度的提高，民众普遍受教育程度大大提升了，也大多接受了现代科学的教育，这就使得传统的避瘟保健、趋吉避凶之类的习俗逐渐地失去了市场。佩戴茱萸香包就能避凶吗？人们普遍不再相信这种说法。但是“仓廪实而知礼节”，随着教育和生活水平的提升，人们对敬老爱老的接受程度显著提高。而且中国已经进入老龄化社会，大量老年人对提高自己的地位也有很大的动力。这些都使得传统重阳节中的敬老元素，有了足够的扩大的基础。最后，借着官方重命名的推动，也带动着重阳节重新活跃了起来。

我们在复兴传统节日的过程中，时常面临着变与不变的矛盾。很多人会说，跟传统不一样的节日，还是“传统节日”吗？但实际上，如果我们从长周期里去观察节日习俗的发展，我们就能发现，类似重阳节这种官民互动过程中的变化，是很正常的事情。民间对某种节日习俗的认可，是一个节日发展和存续的基础，而官方适时地推动，则可以加速这个过程。站在我们现今复兴、传承传统文化的这个角度来说，由政府出面，将传统节日中适合今天的元素提炼出来，重新给予一个新的名字，无疑是一个引导、推动的好法子。

冬

冬季的节气

立冬

过冬如修行，如今的你我还有这般心境吗？

立冬，是二十四节气中的第十九个节气，也是冬季的第一个节气。每年公历的 11 月 7 日或 8 日，太阳行至黄经 225 度，便是立冬的时候了，表示冬季自此开始。冬者，终也，万物收藏也，动物藏身规避寒冷，经过秋收的人们也已将收获收藏入库了。

立冬的三候

立冬的三候为：**“一候水始冰；二候地始冻；三候雉入大水为蜃。”**

“一候水始冰，二候地始冻”，这两候直观地表现了立冬前后天气的变化情况。立冬是冬季的开始，这一时节北方的冷空气已经有了较强的实力，并逐渐向南方移动。水面开始结冰，土地也开始上冻，是这种气候变化最直观的表现。当然，二十四节气以及相应的物候，实际上主要是对我国古代北方地区气候状况的总结。对于长江以南地区，要到 11 月底才能有冬季的感觉。而珠三角地区，更接近亚热带气候，到了 12 月份依然比较温暖。

“三候雉入大水为蜃”，这一候就比较有意思了。雉是野鸡，也可以指大型的鸟类，而蜃则是大的蛤蜊。所谓秋收冬藏，立冬之后，古代的人们发现天上的大鸟都很少再见，同时海边的人们则发现海中开始出现大的

秋风吹尽旧庭柯，黄叶丹枫客里过。

一点禅灯半轮月，今宵寒较昨宵多。

——明·王稚登

蛤蜊。由于蛤蜊的花纹和雉的羽毛颜色有几分相似，于是古人就把这两者联系了起来，认为雉跑到水里变成了蜃（蛤蜊）。这其实也反映了古人对天地之间生命循环往复、生生不息的一种认识。

迎冬的习俗

季节的变换是古人观念中重要的时间节点，传统上把立春、立夏、立秋、立冬称为“四立”，很受古人的重视。所以，在立冬这一天也逐渐形成了很多的习俗，比如迎冬。

在立冬这一天，古代的皇帝会有迎冬之礼，这一礼仪可以追溯到先秦时期。比如《吕氏春秋》中就有记载：“**是月也，以立冬。先立冬三日，太史谒之天子，曰：‘某日立冬，盛德在水。’天子乃斋。立冬之日，天子亲率三公九卿大夫以迎冬于北郊。还，乃赏死事，恤孤寡。**”如今一些地方保留的祭冬礼，可能是古代迎冬的遗存。

立冬之后，秋收结束冬季到来，不管最终的收成如何，一年的辛劳总算是有了一个结果，这是值得纪念的事情。所谓迎冬之礼，其实也有这方面的意思在里面。同时，古时候不比今天，冬季的严寒是非常难熬的。借着立冬的机会，赈济孤寡，赏赐些厚实的衣服也是官方赈济制度的一部分功能。比如晋崔豹《古今注》记载：“**汉文帝以立冬日赐宫侍承恩者及百官披袄子。**”“**大帽子本岩叟野服，魏文帝诏百官常以立冬日贵贱通戴，谓之温帽。**”可见古代帝王赏赐臣子，有些东西还是很实惠的。

立冬的饮食习俗

冬季寒冷多病，也是人身体抵抗力较弱的时候，自然需要补充营养。所以古人有“入冬日补冬”的习俗。

冬日的进补与秋季不同，更侧重高热量的食物。比如在福建地区，在立冬这一天要用四物、八珍等药材炖肉，一般用狗肉、羊肉，也有用猪排的。浙江地区有的地方把立冬称为“养冬”，也就是补养身体的意思。比如在浙江的洞头，立冬这天就要炖鸡或鸭给家人补身体，还有必须要在辰时（早上 7 点到 9 点）吃的讲究；也有的地方在这天要专门炖猪蹄来进补，据说是可以防止冬季手脚冻伤。在台湾地区，立冬这一天街上的羊肉馆、姜母鸭等生意都会很好，这是当地人喜欢的进补方式。

在北方的很多地方，立冬还有吃饺子的习俗。吃饺子是古代很多节日节气都有的习俗。一般认为，饺子是“交子”的谐音，所以在季节交汇之时、新旧岁交汇之时，往往都有吃饺子的习俗。立冬是秋冬两季的交汇之时，这饺子是不能不吃的。

此外，立冬时节还有一些有趣的地方性习俗。比如在湖南的醴陵，人们有在立冬这一天制作著名的“醴陵焙肉”的习俗。醴陵焙肉是一种熏肉，将肉放在炉灶上用烟火慢慢熏制，以松枝熏出来的肉最好。又如绍兴黄酒最为著名，在立冬这天是重要的酿酒的日子，同时酒坊还要向酒神祭祀，祈祷福祉。

过冬如修行

立冬是冬季的开始，而冬季带给人们的直观感受，无非是冷峻与严酷的。可是在这冷峻的表象之下，实际上也有着平和、安详的实质。

过冬如修行。四时各有所属，春季的勃发，夏季的激情，秋季的收获，到了冬天，自然也该安静下来了。在经历了繁忙躁动的三个季节之后，大自然给予了我们这样一个休息的时间，让天地万物都平和下来。人们也应当在这个看似不怎么友好的季节，静一静，想一想。有动有静，这才是人生的修行。

只是，如今繁忙的打工人，还能有这个心境吗？

小雪

寒冬肆虐，古人是怎么过冬的呢？

小雪，是二十四节气中的第二十个节气，每年公历的 11 月 22 日或 23 日，当太阳达到黄经 240 度的时候，便是小雪节气了。明代学人王象晋的名著《群芳谱》中有言：“**小雪气寒而将雪矣，地寒未甚而雪未大也。**”也就是说，在小雪这个节气前后，由于天气变得寒冷，降雪也就开始了。但由于“地寒未甚”，所以这时的降雪量还不会很大，故称“小雪”。与春季的雨水、谷雨等节日一样，小雪也是一个与降水有关的节气。

小雪的气候

小雪的三候为：“**一候虹藏不见；二候天腾地降；三候闭塞成冬。**”

“一候虹藏不见”，虹为彩虹，也可以理解为下雨的意思。也就是说进入小雪节气，降水的形式逐渐从雨变为雪了，天上不再下雨，自然就没有了彩虹。

“二候天腾地降”，这体现了古人的阴阳观念。天为阳地为阴，阳气上升阴气下沉，阴阳不再相交，天地间自然一片死寂。这实际上是古人对气候和生命的一种认识。

“三候闭塞成冬”，阴阳相隔，万物沉寂。如果说立冬意味着进入了冬天的门槛，那么小雪则意味着冬天正式到来了。古代的冬季比如今要难熬得多，天地间不见鸟兽，人们在播种完最后一茬冬小麦之后，也纷纷躲在屋里开始过冬了。所谓“闭塞成冬”，正是此意。

花雪随风不厌看，更多还肯失林峦。

愁人正在书窗下，一片飞来一片寒。

——唐·戴叔伦

小雪的民俗

小雪是冬季的第二个节气，北方陆陆续续的降雪意味着冬季正式到来。所以小雪前后的民俗活动，大约也都和过冬有关。

•饮食习俗

在古代的冬季，没有今天这样种类丰富的各种食物，也没有良好的食物存储条件。为了在漫长的冬季中有足够的菜和肉供食用，先人们发明了腌制食物的方法，将各类蔬菜（主要是白菜、萝卜）或者肉食腌制、风干，尽可能地延长它们的存储时间，以备过冬时食用。如今，虽然食材已经极大丰富，保存也不再是问题，但这种腌制的习俗还是保存了下来，并成为一些地方的特色美食。

比如，在东南沿海的浙江一带，就有在小雪节气腌菜的习俗，当地人称之为“腌寒菜”。清代文人厉秀芳在《真州竹枝词》中记述过当时情景：**“小雪后，人家腌菜，曰‘寒菜’。”**

又如小雪过后，在我国的很多地方，都有做腊肉、香肠的习俗。腊肉、香肠等熏制、风干肉制品，在我国有悠久的历史。今天的人们一般将这些作为一种美食，但在古代，这主要还是一种冬日里储藏肉食的方法，所以民间有**“冬腊风腌，蓄以御冬”**的说法。之所以选择小雪之后开始这项工作，可能跟小雪后气温迅速下降，天气也变得干燥有关，比较适合加工腊肉。

•酿酒

《诗经•国风》有云：**“八月剥枣，十月获稻。为此春酒，以介眉寿。”**古时酿酒多在刚入冬的时候，也就是小雪前后。这个时期秋收刚刚结束，先人们手头粮食相对富裕。同时，在古代社会，饮酒除了具有现今这种娱乐的作用之外，很多时候还是祭祀仪式的一部分，属于礼的范畴。而时至岁末，正是各种祭祀活动的高峰期，对酒的需求就很大。

这种初冬酿酒的习俗，一直延续到近现代。比如浙江安吉地区，人们至今仍然习惯在入冬之后酿制林酒，当地人称为“过年酒”。平湖一带农历十月上旬酿酒储存，称为“十月白”，也有用白面做酒曲，用白米、泉水酿酒的，称为“三白酒”。入春之后可以在酒里面加上一点桃花瓣，称为“桃花酒”。浙江长兴地区的民俗是在小雪当天酿酒，称之为“小雪酒”，据说是因为小雪时节，泉水特别清澈的缘故。

·准备过冬的取暖设备

古时候不比今天，所谓冬天，在暖气空调的保护下，多数时候也不令人觉得难过了。但古时候没有这些先进设备，为了冬日的取暖，就要额外准备一些东西了。这些准备大多也都集中在小雪节气前后。我来跟大家介绍几种古代过冬的取暖设备。

第一种设备叫作香囊。这个香囊可不是端午节那种用布做的香囊，而是一种金属制的三层圆球，大富人家用金银，差一点的也有用铜的。外层镂空分上下两层，以子母扣连接。第二层是两个同心圆环，以活轴连接外壁和最里层的焚香盂。使用的时候一般藏在袖子里，焚香盂里面点上熏香，既可以焚香，也可以暖手。一般是古代富贵人家使用的玩意。

第二种设备叫作铜手炉。这个就比较普通一些了，贵富人家和平民百姓都有使用，据说产生自隋唐时期，取暖的功能比香囊好得多。铜手炉由炉身、炉罩、提梁组成。炉身盛放炭火发热，炉罩上有孔散热，提梁便于携带，还配有拨火勺翻动炭火。普通人家用的形制比较简单，而富贵人家用的往往在外壁上还要雕刻云纹等装饰，更为美观。

第三种设备的名称比较奇怪，叫作“汤婆子”，也有“汤媪”“脚婆”“锡奴”等不同名称，看名字就知道这是普通人家用的东西。这种东西历史悠久，最早可以追溯到宋朝，而在我小时候家里还有使用。“汤婆子”外形为扁扁的圆壶，有铜、锡、陶瓷等材质，常缝制大小相仿的布袋来防止烫伤。上方开有带螺帽的口，用来注入热水，收到取暖效果。可以说，这就是古代的热水袋了。

• 少数民族的小雪民俗

二十四节气是整个中华民族的传统文化遗产。不仅仅是汉族，在很多少数民族地区，在小雪这天也有一些特色的民俗活动。

比如土家族在小雪前后，就有“杀年猪，迎新年”的习俗，有些类似狂欢节的性质。把刚刚宰杀的新鲜猪肉，按照土家族传统的烹饪方式做成“刨汤”，用来款待亲朋好友，场面非常热闹。

“十月小雪雪满天，明年必定是丰年”，小雪节气的降雪，被认为是来年丰收的好兆头。在维吾尔族地区，有过“白雪节”的传统。在每年的第一场降雪来临的时候，要举行庆祝活动，亲朋好友在一起聚餐、歌舞，祈祷来年的丰收。

大雪

大雪未必下雪，这个节气名不副实吗？

每年公历的12月6日或7日，是二十四节气中的大雪节气，这是二十四节气中的第二十一个节气了，一年的时间已经渐渐走到了结尾。《月令七十二候集解》中说：**“大雪，十一月节。大者，盛也。至此而雪盛矣。”**可见大雪与小雪、雨水、谷雨等类似，也是一个有关降水的节气。

大雪江南见未曾，今年方始是严凝。

巧穿帘罅如相觅，重压林梢欲不胜。

——宋·陆游

大雪一定下雪吗？

说到大雪这个节气，很多人都会有个误会，认为天地间在这时候就应该遍布茫茫白雪。实际上，每年大雪节气前后，我国从南到北真正降雪的地方并不是特别多，雪量也不是特别大。毕竟，以降水量来说，所谓“山高月小，水落石出”，我国自长江以北的整个冬季降水量都是偏少的。

那么，不下大雪的节气为何要叫大雪呢？实际上这个大雪，以及前面一个节气小雪，讲的是下雪的概率问题，或者是积雪的概率问题。就好像二十四节气中的大寒、小寒，并不是说这时的天气一定会很冷，而是形容地面结冰的程度一样，大雪意味着下雪的可能性在增大。也有学者认为，小雪是初雪来临的季节，大雪是积雪出现的季节，这也有一定道理。小雪的时候，雪是随下随化的，而到了大雪以后再下雪，地面上就有积雪了。

古人将二十四节气中的每一个节气都分为三候，用来更准确地描述节气的气候特征。大雪的三候是：“**一候鹖旦不鸣；二候虎始交；三候荔挺出。**”

“一候鹖旦不鸣”。鹖旦，据两晋郭璞《方言》云：“似鸡，冬无毛，昼夜鸣，即寒号虫。”古人认为这种鸟属阳，非常好斗，所以用来比喻斗士。但大雪节气是至阴的节气，所以到了大雪前后鹖旦也不再鸣叫了。

“二候虎始交”。大雪是至阴的节气，所谓“反者道之动”，至阴之中也蕴含着阳的种子，这是古人阴阳转换的观念。作为猛兽之王的老虎，感受到天地间些许萌动的阳气，开始有了交配的行为。

“三候荔挺出”。荔是一种植物，也就是我们现在说的马兰花。这种植物的根系非常发达，可以用来做刷子。大雪节气前后，这种植物“感阳气萌动而抽新芽”，同样体现了古人阴阳转换、盛极而衰的观念。

有肉有酒，大雪的饮食

谚语云："小雪封山，大雪封河。"在古代，到了大雪前后，气候实际上已经不太适合人们出行了。所以宋人有词曰："玄霜绛雪。散作秋林缬。昨夜西风吹过，最好是、睡时节。"自然界讲究个秋收冬藏，人类的行为也要符合四时的规律，在这个季节要好好休息了。

不过，中国的老百姓自古就是勤劳的。即便不能去田间劳作，在家里也要找点事做。况且大雪节气已是农历的十一月，再不久就要过年了，吃喝用度，也需要做些准备了。

俗语有"小雪腌菜，大雪腌肉"的说法。旧时每到大雪节气，在南京的一些地方，家家户户开始忙着准备腌肉，称为"咸货"。这种腌制的食物，一方面是为了过年做准备，另外也有便于保存的考虑，毕竟古时候是没有冰箱或冰柜的。腌肉的具体做法各地当然有所不同，邱丙军在《中国人的二十四节气》里记录了南京地区的做法：一般用大盐加八角、桂皮、花椒、白糖等入锅炒熟，待炒过的花椒盐凉透后，涂抹在鱼、肉和光禽内外，反复揉搓，直到肉色由鲜转暗、表面有液体渗出时，再把肉连剩下的盐放进缸内，用石头压住，放在阴凉背光的地方；半月后取出，将腌出的卤汁入锅加水烧开，撇去浮沫；将晾干的禽畜肉，一层层码在缸内，倒入盐卤，再压上大石头，十日后取出，挂在朝阳的屋檐下晾晒干。前几年有家中老人怀念这种古法腌制的老风味，可惜现在已经买不到咯。

寒冷的冬季，有了肉，如何可以没有酒呢？古人有"冬酿"之说，指的就是从立冬开始，一直到第二年立春这段时间酿制的黄酒。大雪时节，自然也在这个范围里面。据说，选择冬季酿酒，是因为冬季水体清冽，气温不高，可以轻松地抑制杂菌繁殖，又能使酒可以从容地在低温发酵过程中慢慢酝酿醇厚的风味。当然，古代的先民们未必知道这些科学道理，但生活的经验一样给了他们无穷的智慧。

冰与雪，不一样的风景

今日的冬季，已经不像古时候那么难熬。大家照常工作、上学，周末或节假日碰到下雪，还能开心得呼朋引伴去赏个雪景。但在古时候，这种精神层面的追求，更多的还是富有阶层的专属。宋人的《东京梦华录》就有记载：**“此月虽无节序，而豪贵之家，遇雪即开筵，塑雪狮，装雪灯，以会亲旧。”**南宋《武林旧事》里也有一段记载：**“禁中赏雪，多御明远楼。后苑进大小雪狮子，并以金铃彩缕为饰，且作雪花、雪灯、雪山之类，及滴酥为花及诸事件，并以金盆盛进，以供赏玩。”**窈窕淑女，着冬装，捧暖炉，自是景美人更美。

大雪时节飘雪漫漫，水凝成冰，是藏冰的好时节。说到藏冰，有些读者可能认为古代的人没有冰箱，到了炎炎夏季就没有冷饮吃了。其实还真不是这样，先人从先秦时期就有冬日取冰并藏冰，以待夏天使用的习俗。比如《诗经》里就有**“二之日凿冰冲冲，三之日纳于凌阴”**的句子。

在古代的皇室和富裕人家，很多都建有专门储冰用的冰室。在冬季藏冰，到了夏天的时候，就可以拿出来使用了。或是用来降温，或是制作冷饮，让自己生活得更舒适的同时，夏季加冰的冷饮，也是一门很不错的生意呢！

冬至

民谚有“冬至大如年”，这个说法是怎么来的？

冬至是二十四节气中的第二十二个节气，是在每年公历年12月21日至23日，太阳到达黄经270度，它也是现在公历年中一年的最后一个节气。

古人将冬至的气候描述为三候：“**一候蚯蚓结；二候麋角解；三候水泉动。**”蚯蚓也是二十四节气的七十二候中出镜比较多的昆虫，比如立夏的第二候就是“蚯蚓出”。古人认为蚯蚓这种昆虫对阴阳之气很敏感，阴气盛的时候就蜷缩在土里，阳气盛的时候就出来活动。冬至是一年之中阴气最盛但也是阳气开始初生的时节，蚯蚓在这个时候还是蜷缩在土里的。“二候麋角解”中的“麋”，和我们常说的鹿其实是两种不同的动物。鹿角向上向前生长，而麋的角是向后生长的，古人认为这是阴属性的表现。冬至是阳气初生的时节，麋角感受到天地间的阳气而逐渐消解。同时由于阳气初生，地下涌出的泉水也是汩汩流动，在有些地方泉水温度比环境温度还要高上一些，也就是“水泉动”。

但与其他节气不同，传统上冬至不仅仅是一个节气，它的地位比一般节气要重要得多。民间有“冬节”“长至节”或“亚岁”的称呼，更有“冬至大如年”这样的俗语。那么，作为二十四节气之一的冬至，为什么会特别重要，甚至“大如年”呢？在这里，我就来跟大家聊聊这个话题。

冬至节气的来历

所谓冬至，按古书里的解释：“**至有三义，一者阴极之至，二者日气始至，三者日行南至，故谓为至。**”人们在长期的实践中发现，从冬至这

邯郸驿里逢冬至，抱膝灯前影伴身。

想得家中夜深坐，还应说着远行人。

——唐·白居易

一天开始，白天的时间越来越长，太阳运行达到最南端开始北归（南回归线）。古人认为从这个时候开始，阴气开始回落，阳气逐渐上升，于是冬至就成了阴阳转换的节点。

在靠天吃饭的农耕社会，更长的光照时间无疑更有利于农作物的生长。所以，这个白天开始变长的日子，无疑就有了重要的意义。同时，在古人的观念里，日照变长，这是天地间的阳气在努力地“战胜”阴气的过程。那么作为期待阳气胜利的生民，自然也会想些办法为阳气“加油鼓劲”。我们在典籍中看到的很多关于冬至祭祀的礼俗，其实也有这方面的意思在里面。

那么，到底怎么确定哪一天才是冬至呢？大概从先秦时期开始，先人们就从天地万物的变化中，发现了一些冬至到来的标志，比如《夏小正》里就有冬至前后麋角脱落的记载。人们还会用日圭测影来测定冬至的日期，比如《尚书·尧典》里面有“**日短，星昴，以正仲冬**”的说法。这种日圭测影的办法，一直延续到后世很多朝代。

冬至、岁首和周历

回到我们一开始的问题。从冬至的来历我们可以了解到，为什么古人把冬至当作很重要的一个时间节点。那么，这个“冬至大如年”的说法又是怎么来的呢？这还得从古代的历法制度说起。

前面我们说过，以太阳运动的轨迹来说，冬至这一天，是太阳运动方向的一个转折点。所以，在古代的历法中，包括夏历、殷历、周历、秦历等，都是以冬至所在的那个朔望月[1]为基准，也就是冬月（今十一月）。结合古代的天干地支，十一月也被称为“子月”，子者兹也，阳气萌动万物滋

1. 朔望月：又称“太阴月”，即月球绕地球公转相对于太阳的平均周期。

生的意思。子月之后又有丑月、寅月一直到亥月。

古代的历法中，《夏历》建寅、《殷历》建丑、《周历》建子、《秦历》建亥，也就是说分别以农历一月、十二月、十一月、十月作为一年的开始，即岁首。这些历法中，《周历》是使用时间最久，影响范围最广的。实际上也有观点认为，汉初文献中流传的所谓“古六历”，即《黄帝历》《颛顼历》《夏历》《殷历》《周历》《鲁历》，很可能都是周代的人制作或追记的。

在《周历》中，冬至所在的十一月即是元月，所以在《周历》使用的数百年时间里，贺岁与贺冬基本上就是一回事。我们在今天流传的《周礼》中，也能看到当时的贺冬习俗，或者叫贺岁习俗，比如周天子的祭天大礼：**“以冬日至，致天神、人鬼……以禬国之凶荒，民之札丧。”**

《周历》之后是《秦历》，也叫《颛顼历》，以亥月（十月）为岁首。《秦历》大概从秦始皇统一中国到汉武帝太初年间，一百年左右。一直到汉武帝太初年间颁行的《太初历》，重新采用了《夏历》，也就是将农历的一月作为岁首，冬至与正月才正式被分开。《太初历》以寅月为岁首的做法，也一直持续到今天。

但是，在阴阳五行观念盛行的古代，新朝代建立之后易正朔（岁首）、改服色，除了历法在授时等功能性方面的考虑外，更多的是一种政权合法性的建构程序。而民间的岁时习俗，并不一定随着这种易正朔的活动而变化。《周历》实行 800 余年，在民间早就形成了相应的乡间俚俗，人们在相当长的一段时间内，都习惯了将冬至当作新年来庆祝。何况在古代的农业实践中，将标志着太阳移动节点的冬至作为新年的开始，无疑更符合农业的实践，毕竟从冬至开始，太阳就要“回来”了。这也就是后世民间有着“冬至大如年”的说法的原因，毕竟在很长的一段时间内，冬至本来就是年呢！

从汉武帝制定《太初历》开始，冬至正式与正月分离，并一直持续到今天。但是，这种历法的改变，并没有完全抹杀近千年的实践对人们生活习俗的影响。在汉武帝之后的整个古代社会，我们始终都能看到：从官方到民间的许多冬至习俗，都带有贺岁的影子，包括祭祀、宴饮、家庭团聚等等。当然，也包括流传至今的“冬至大如年”的俗语。

回到唐朝过冬至

汉武帝制定《太初历》之后，将农历的一月作为一年的岁首，冬至正式与元旦区别开来，成了一个独立的节日，所谓“冬至节”的说法，也是从这个时候开始的。而自西汉以降，经魏晋南北朝，冬至作为一个节日（而非节气）在官方和民间中不断地发展，终于到唐代的时候达到完善，并一直延续到后世。

在唐人的观念里，冬至是一年中最重要的节日之一。官方为此制定了繁复而严格的礼仪规程，民间也有非常丰富的节日活动习俗。下面，咱们就一块“回”大唐，去看看唐代的官民是如何过冬至节的。

·唐代官方的冬至庆典

唐代官方对冬至极为重视，冬至节仪被称为“国之大典”，有很多的官方庆祝活动。主要包括：皇帝冬至南郊祭天；朝会群臣与各国使节；政府放假以及大赦天下；等等。

唐代的祭祀中有“**凡岁之常祀二十有二**”的说法，而冬至祭天，排在这二十二祭之首，是一年中最重要的祭祀活动。

唐代祭天的地点在长安城南郊的圜丘，这是唐皇最重要的职责之一，多数情况下皇帝都会亲自主祭。高祖武德年间立下定制：“**每岁冬至，祀昊天上帝于圜丘，以景帝配。其坛在京城明德门外道东二里。**”这里的圜丘，遗址在西安市雁塔区陕西师范大学老校区校园内，也叫作隋唐天坛，比北京的天坛早了一千多年呢。

不过，虽然唐代大多数皇帝都在圜丘祭天，但也总有几个不走寻常路的，比如著名的一代女皇武则天。史载天授二年（691 年）“**正月乙酉，日南至，亲祀明堂，合祭天地**”，不仅把祭祀的地点搬到了洛阳的明堂（洛阳城紫微宫正殿），而且还要合祭天地。按古人的阴阳观念，天为阳地为阴，男为阳女为阴，武则天作为女子当皇帝，祭祀为天地合祭，或许也有阴阳合一的意思吧。

冬至作为一个非常重要的节庆，朝贺是必不可少的，这实际上是从汉代就开始的习俗了，唐代自然也延续了这一传统。朝贺的地点早期在太极宫的太极殿，后来大明宫建成，就搬到了大明宫的含元殿。即所谓“千官望长至，万国拜含元”，说的便是唐代冬至的大朝会了。

朝会之后，按惯例皇帝当然要赐臣下酒宴了。唐人崔琮有“**玉阶文物盛，仙仗武貔雄。率舞皆群辟，称觞即上公**”的诗句，描写了冬至酒宴的壮丽景象。不过实际上，皇帝的赐宴其实更多的是一种表现君臣同乐的政治仪式，吃东西反倒是次要的。而且，酒宴上仪程繁复，比如要“酒行十二遍，礼毕方出”，这繁复的跪行礼后，估计也吃不了什么好东西了。在酒宴之上，皇帝还会对群臣进行赏赐，赏赐的东西非常丰富且实惠。记载最多的就是一些吃穿用度，曾有大臣被赏赐了几双皮靴棉袜，这皇帝也是非常贴心了。

所谓春生夏长、秋收冬藏，冬季本就是个万物休息的季节，古人行事也讲究符合自然规律，即所谓“天道”。所以冬至节的前三天和后四天，唐朝的官吏们是要放假的。七天小长假，可以说是唐朝版的“黄金周”了。

除了放假之外，冬至节中，唐朝的皇帝往往会宣布大赦天下，这是一种德政的象征。彼时之人深受“阴阳刑德”思想的影响，以刑为阴克，以德为阳生，冬至是阳生的开始，要祈祷阳气早日到来，当然要施行德政。大赦天下便是这德政的代表了。此外还有减免税赋、赏赐孝子顺孙、节妇义夫、乡间宿老等等。

·唐代民间的冬至庆祝活动

唐代的冬至是一个全国性的大节日，上到天子高官，下到庶民百姓，无不重视。贵人有贵人的仪程，庶民也有庶民的快乐。冬至节的民间庆祝活动，也是非常丰富的，其中比较重要的有这么几种。

首先，拜贺宴饮。冬至在唐朝是个举国同庆的节日，在冬至这一天，除了皇帝会大宴群臣，普通的百姓也要阖家团圆，走亲访友。节日也就成了凝聚血缘亲情、强化社会关系网的好时机。把节日当作一种社交场合，这种习惯其实一直延续到今天。

唐代的时候，有一个来自日本的留学僧人叫作圆仁，他在他的笔记中记录了唐代百姓庆祝冬至的盛况：“**（十一月）廿六日夜，人咸不睡，与本国正月庚申之夜同也。**”可见冬至节的庆祝活动从节前一日就开始了，而且冬至节的前一夜还要守岁呢！这是不是和除夕守岁的习俗很像呢？这也再一次印证了我们在前文中所说的，冬至的节俗和新年很相似，有明显的承袭关系。圆仁在笔记里还记载了很多当时僧俗之间冬至拜贺的吉祥话，比如“**晷运推移，日南长至。伏惟相公尊体万福**”云云，当然，这一看就是当时的文化人之间的对话。

除了拜贺之外，冬至也是唐代百姓与家人、朋友相聚宴饮的好时候。出土的敦煌吐鲁番文书中，有许多当时唐人的书信，里面记录了很多冬至朋友间宴饮的事情。比如：

> 长至初启，三冬正中。佳节应期，聊堪展思。竞无珍异，只待明公。空酒馄饨，幸垂访及，谨状。

又如：“**长至日，空酒馄饨，故勒驰屈，降趾为幸。**”这句话是写在邀请朋友来家里宴饮的请帖一类的东西上，在这句话里，大家看到什么熟悉的东西了吗？馄饨啊！这实际上体现了唐人在冬至这天吃馄饨的习俗。有学者认为，冬至吃馄饨，是一种原始巫术的模拟形态，有破开阴阳未分的混沌状态，助力阳气生长的意思在里面。

除了与朋友们热闹宴饮，对自古重视家庭的中国人来说，与家人的团聚当然更为重要。冬至在唐代是一个游子回家的日子，如果漂泊在外回不了家，是很凄凉的事情。比如白居易有诗：“邯郸驿里逢冬至，抱膝灯前影伴身。想得家中夜深坐，还应说着远行人。”

其次，占候数九。中国古人的观念里，对万事万物的起点都是很重视的，所以有“一年之计在于春”等俗语。古人认为冬至是二十四节气的起点，从太阳运行的轨迹来说，其实也是一年的起点，自然容易被人们作为预知人事、年成的特殊时间。所以在冬至的民俗里，对未来年景、收成的占卜是非常重要的内容。

具体占卜的方法，比较常见的是采用立表测日影的办法，这是一个相当古老的方法。大概的做法就是找一根一丈长的木头作为表木，以表木的中分点为基准，观察日影：

> 得影一尺[1]，大疫，大旱，大暑，大饥；二尺，赤地千里；三尺，大旱；四尺，小旱；五尺，中田熟；六尺，高下熟；七尺，善；八尺，涝；九尺至一丈[2]，大水。

---

1. 1 尺≈33.33 厘米。
2. 1 丈≈3.33 米。

另外还有观察云气变化等做法。进入冬至以后，所谓“数九寒天”，开始进入一年中最冷的时候了，但这同时也是阳气逐渐上升的开始，毕竟冬天来了，春天还会远吗？寒冷的冬季也蕴含着希望。所以，怀抱着对温暖春季的期盼，人们开始数着日子，等候春天的到来，这就产生了数九的习俗。

唐代的时候，人们还为数九编制了朗朗上口的歌谣。这歌词中既有对日子的计算，实际上也记录了整个九九过程中，人们亲身经历的气候环境的变化。比如在敦煌文书中就有一首数九歌，在此摘引几句：

> 一九冰头万叶枯，比天鸿雁过南湖。霜结草投敷碎玉，露凝条上撒珍珠。
>
> 二九严凌切骨寒，探人乡外觉衣单。群鸟夜投高树宿，鲤鱼深向水中攒。

唐代的数九歌，在当时更多的是一种带有娱乐色彩的节日活动。但也有学者认为，从歌曲的本源意义上考虑，这种数九歌未尝没有原始巫术的味道。毕竟数九是为了迎接阳气上升，而九是阳数，从一九数到九九，通过九的叠加，表征阳气的上涨。

唐代是古代冬至节的鼎盛时期，对后世当然也产生了很大的影响。虽然从宋代以后，冬至节在民间的重要性似乎有所下降，但由于其与传统农耕活动密切的联系，还是有很多习俗保留了下来。甚至在今天冬至已经不算节日，只是一个普通的岁时节令的情况下，依然可以看到一些古老的节俗，比如数九，比如饮食方面的馄饨（饺子），等等。这也是传统习俗有着顽强生命力的一种体现吧。

小寒

小寒连大吕，欢鹊垒新巢

小寒是二十四节气中的第二十三个节气。每年公历 1 月 4 日或 5 日，或 6 日，太阳到达黄经 285 度时就是小寒节气。唐代诗人元稹有诗曰：

小寒连大吕，欢鹊垒新巢。
拾食寻河曲，衔紫绕树梢。
霜鹰近北首，雊雉隐丛茅。
莫怪严凝切，春冬正月交。

这首唐诗比较完整地为我们展示了小寒这个节气的方方面面。我就从这首诗开始，跟大家聊聊小寒这个节气。

小寒的三候

“小寒连大吕”，很多朋友可能听过黄钟大吕这个成语，本意上说，这是指的古代音律中的十二律，语出自《周礼》。黄钟和大吕分别是阳律和阴律的第一律。同时，古人也分别用这十二律指代历法中的十二个月份，黄钟对应子月，也就是农历的十一月，大吕对应丑月即十二月。小寒这个节气在农历中一般是在十一月末或十二月初，这也就是诗中“小寒连大吕”的含义。

“欢鹊垒新巢”开始的五句，基本上是描述了小寒这个节气的三候了，分别是：**“一候雁北乡；二候鹊始巢；三候雉始雊。”**我们可以看到，这

结束晨装破小寒，跨鞍聊得散疲顽。

行冲薄薄轻轻雾，看放重重叠叠山。

——宋·范成大

三候全部都是描述鸟类的活动的，这在二十四节气中是比较少见的，除了小寒之外，只有白露是这种情况。这主要是因为在古人的观念里，“禽鸟得气之先”，也就是说，鸟类对天地间的阴阳之气变化是最为敏感的。而在之前冬至的文章中，也跟大家聊过，从冬至开始天地间的阴气达到极盛，这同时也是阳气复生的开始。冬至后十五天就是小寒，天地间的鸟类开始感受到了阳气隐约地复苏，大雁开始有了北归的苗头，喜鹊筑巢野鸡鸣叫。这也正是元稹诗中“欢鹊垒新巢……霜鹰近北首，雊雉隐丛茅”的意思。

小寒其实并不小

小寒节气的得名，据《月令七十二候集解》中说：“**十二月节，月初寒尚小，故云。**”也就是说，古人认为到了小寒这一天，天气虽然已经很冷，但还不到最冷的时候，所以这一天就叫作“小寒”。但实际上呢，不论是民间的俗语，还是现代的气候数据统计都证明，多数情况下小寒才是一年最冷的时候。比如民谚有“小寒胜大寒”的说法，也有“冷在三九”的说法。从冬至开始数九，过十八天正是小寒前后。而从 1951 年以来的温度统计显示，有 42% 的年份里小寒比大寒更冷，有 34% 的年份里两者不分上下，而大寒更冷的年份只有 24%。这可能就给很多人带来疑惑：既然小寒更冷，那么为甚叫作“小”寒呢？这可能有三个原因。

第一个原因是古人没有现在这种量化温度的办法，所以界定寒冷程度的时候更多的是靠体感。小寒的时候，天气虽然很冷，但人们的耐受度可能尚可。但到了大寒，人们都已经“冻透了”，所以感觉起来更冷一些。

第二个原因，可能是气温南北差异的缘故。毕竟咱们现在说的温度一般都是讲全国平均温度，但其实没有几个人是生活在全国平均温度里的吧？南方和北方，最冷时节基本上要差个一旬左右，有些地方在大寒就是最冷的时节，这也没什么奇怪的。

最后一个原因，我觉得可能性最大，也就是小寒、大寒本来代表的可能就不是温度，而是地表上冻的程度。就跟我们之前讲过的小雪、大雪不一定下雪，而是指下雪的可能或积雪的程度一样。从这个角度来说，地表上冻，那自然要有个渐进的过程。而且考虑古人的认知方式，既然没有一个量化的温度标准，体感温度又因为个体差异比较大，那么选择都能看到的、比较直观的地冻程度来界定一下节气，也是比较正常的事情。

冬已渐深，春天还会远吗？

元稹诗作最后一句："莫怪严凝切，春冬正月交。"除了说明小寒的寒冷，其实也表达了诗人对春天的期盼，这就像前些年网上流行的那句"冬天来了，春天还会远吗？"一样。实际上，中华民族自古就是一个积极乐观的民族，冬日的严寒中，人们并不只是在家苦挨，很多节气活动中也透出迎春的味道。

比如北方很多地区，在进入深冬之后，河面结了厚冰，都会有很多冰上活动。《倚晴阁杂抄》中有旧北京风俗：**"明时，积水潭常有好事者，联十余床，携都篮酒具，铺藏锐其上，轰饮冰凌中，亦足乐也。"**

小寒所在的农历十二月，离传统的春节也已经不远。所以在古代，到了这个时候，很多地方已经开始在为过年做准备了，社会上也开始有了点年味儿。这方面各地的风俗不同，具体的内容就不太一样。不过旧时候通行的一些活动，比如剪纸、窗花、春联之类的，一般进入腊月里就开始准备了。如果还要扎一些纸人之类的手工艺品用来过年祭祖，那还要更忙叨一些。而过年吃的一些东西，比如各种腌制的肉食，也是进入腊月就开始准备的。相比这些，也难怪如今的人会感慨年味淡了呢。

进入小寒，也就进入了农历的腊月了。在旧时候，这就是真的意味着旧的一年走到了尽头，新的一年将要开始了。或许很多旧的民俗，对今天的我们来说已经有些陌生，繁忙的工作也让我们无暇再去参与那些活动。不过，即便没有了那些外在的形式，辞旧迎新的心态还是可以有的。在这个小寒的日子里，收拾一下旧心情，准备迎接新年并重新上路吧！

大寒

大寒居然与年终奖有某种关系！你拿到年终奖了吗？

每年公历的 1 月 20 日前后，是二十四节气中的最后一个节气：大寒。每年的这个时候，太阳达到黄经 300 度，《三礼义宗》里说："大寒为中者，上形于小寒，故谓之大……阴气出地方尽，寒气并在上，寒气之逆极，故谓大寒。"

从字面上看，大寒就是一年里最冷的一天了。不过在前面介绍小寒的时候，就跟大家讲过，实际上从统计数据来看，多数时候小寒才是一年里面气温最低的时候。所以这大寒小寒，更多的可能是指上冻的程度。毕竟古人没有温度计，地表水面上冻这种直观的自然现象，更适合作为描述节气的标准。

大寒的三候

与其他节气一样，大寒自然也有三候，即为：**"一候鸡始乳；二候征鸟厉疾；三候水泽腹坚。"**

"一候鸡始乳"，这当然不是说鸡开始喂奶，而是说开始孵小鸡了。二十四节气共七十二物候，这里面出现最多的形象应该就是各种野生动物，其中尤以鸟类居多，有 21 个。所以，如果说古人是靠看鸟来观察物候的，

升山南下一峰高，上尽层轩未厌劳。

际海烟云常惨淡，大寒松竹更萧骚。

——宋·曾巩

这其实并不是太夸张的说法。当然，到了大寒这个时候，在北方的黄河流域，可能实在是没什么鸟好看了吧，于是就由家里养的鸡承担了这个重任。

“二候征鸟厉疾”，字面的意思是猛禽变得更加凶猛了。古人可能对猛禽的活动有自己的一套评价标准吧，毕竟怎么样才算是“更加凶猛”？这在猛禽都被关进动物园的今天，咱们实在是很难有个直观的感受了。

“三候水泽腹坚”，这当然是在说湖泊河流都冻透了的意思，可以说是冰冻三尺的另一种说法。有个成语叫“冰冻三尺非一日之寒”，那么，冰冻三尺要几日之寒呢？其实，如果熟悉节气的七十二候的话，大概是能算出来的：立冬第一候有“水始冰”，水面开始结冰，到大寒第三候“水泽腹坚”，算下来应该是 90 天左右，粗略点说“冰冻三尺需百日之寒”应该也是可以的。

大寒的民俗

大寒这个节气，一般是在农历的腊月十五日前后，离过年只有半个月左右的时间了。所以，这个时候的很多节气民俗，多少都带着点年味儿。而大寒还有一个专属的民俗：尾牙祭。

尾牙祭大概是产生于东南沿海地区的一个传统活动，尤其是在福建一带特别流行，当然现在尾牙和它的变种，也已经流行全国了，这个后面会提到。

首先说，什么是牙？有个俗语叫“打牙祭”，这个大家肯定都知道。这里的牙，其实是商人们祭拜土地公公的一种仪式。商人们一般不直接从事农业生产，但在中国古代这个农业社会里，对土地的崇拜实际上是各行各业一种普遍的观念。农历每个月的初二和十六，是福建商人祭拜土地公的日子，这个仪式也叫作“做牙”。每年的做牙，从农历二月初二开始，称为头牙，之后每月两次，正好到腊月十六最后一次做牙，就称为“尾牙”了。

福建人的尾牙一般是在腊月十六这天的下午四五点钟。祭祀的形式其实与很多民间祭典类似，准备些三牲四果之类。其中，三牲是鸡、鱼和猪，四果的形式比较多样，但柑橘和苹果是一定要有的，此外还要有当地人吃的一种“春卷”，这是一种用单饼卷各种蔬菜的美食，与北方的油炸春卷不同。

所有这些祭品当中，最重要的当属鸡了，必须使用雄鸡做成的白斩鸡，有祈祷生意兴隆的意思在里面。祭典活动结束后，商人们会把所有的祭品分给手下人吃，称为“尾牙宴”，这也是“打牙祭”这个说法的由来。古诗里有“一年夥[1]计酬杯酒，万户香烟谢土神”，说的就是尾牙祭。

说到尾牙祭的白斩鸡，这里还有个讲究，主要也是起源于闽台地区。就说在尾牙宴上，如果商家把鸡头对准某个伙计，那就说明来年这个伙计可以另谋高就了。这算是劳资双方解约的一种比较含蓄的说法。当然如果老板不想解雇任何人，那就把这个鸡头冲着自己，大家可以开开心心吃饭，来年共求发展。所以在台湾地区还流行着这么一句俗语：“食尾牙面忧忧，食头牙跷脚捻嘴须。”“跷脚捻嘴须”是表示人开心的一种说法，这句俗语就是说，吃尾牙宴心里很忐忑（怕被解雇），吃头牙宴一般比较开心。至于为什么用鸡头表示解雇的对象，据说和闽台地区的方言谐音有关。

大寒的尾牙祭是产生于闽台地区的一种习俗，但到了今天，这种习俗已经扩展到全国。每到农历年的年底，很多公司都会举办年会，老板出来对过去一年的工作做个总结，对有贡献的员工进行嘉奖，最后也少不了吃喝一番。

当然，公司年会的重头戏往往都是发放年终奖了。今年的你，拿到年终奖了吗？

---

1. 夥（huǒ）：同“伙”。

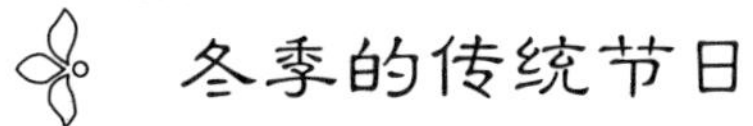

冬季的传统节日

你了解寒衣节这个古老的节日吗？

日日妆楼望雁回，雁回郎不寄书来。

谁知别后身宽窄，欲送寒衣未敢裁。

——宋·王镃

农历十月初一，传统上叫作寒衣节。对今天生活在城市里的大多数人，尤其是年轻人来说，这个节日可能已经相当陌生了，甚至连农历这种历法本身，多数城市里的年轻人也都不大熟悉。像去年寒衣节（2020年11月15日）的时候，我在网上和年轻的朋友聊起来，还有人表示奇怪，为什么这两天街上烧纸的人多起来了呢？这实际上也就是寒衣节在今天的一点遗俗了。那么，到底什么是寒衣节，这个节日是怎么来的呢？要说这个问题，得从传统农历十月初一这个日子说起。

十月朔和秦岁首

寒衣节虽然是传统节日，但正式有这个名字，大约要到宋元时期了。在这之前，农历十月初一这一天还有很多称呼，比如“十月朝”“十月朔”“秦岁首”等等。农历的十月，在古代一方面牵扯到官方的历法，另一方面也牵扯到生活习俗，可以说是非常重要的。

先说历法。从夏商周三代以降，一直有岁首逐渐前置的传统。在那个时代，历法被认为是沟通天人之间的一种手段，也是人君掌握的最高权柄之一。新的朝代建立之后修改历法，重置岁首，这已经成了构成政权合法性的一个必要的环节。所以史书上说："夏政建寅、殷政建丑、周政建子。"也就是说夏历以农历一月作为岁首，殷商以十二月为岁首，周代的岁首是十一月。到了秦朝的时候就沿用了这种做法，再往前提了一个月，以十月为岁首。秦朝时间很短，但《秦历》使用的时间要更长一些。一方面，这是老秦人自蜗居西北的时候就开始使用的历法，并随着秦国领土的扩张逐步推向全国；另一方面，西汉建立之后，刘邦政权继承秦制，并没有修改历法。一直到汉武帝时期制定了《太初历》，才重新改回了夏历的岁首，也就是以农历一月作为一年的开始。所以十月岁首的《秦历》在民间使用的时期其实很久，即便在汉武帝制定《太初历》之后，民间的习惯依然表现出一定的惯性。后来民间把农历十月初一称为"秦岁首"，也是这种习俗的遗存。

历法的改变虽然涉及国家上层的政治权力，但其起源实际上还是人们的时令观念，而这归根到底还是要立足于这个时间节点的自然环境变化，以及人们的生活状况。从气候上来说，农历十月是冬季的开始，这一点在北方地区感受得更为明显。而从社会生产活动上说，农历十月也是一年农耕活动的结束，是收获的季节。所以在这个时间节点上，古代的先民们需要考虑的最重要的两个问题，一个就是过冬，另一个是对收获的纪念以及对来年丰收的祈求。

过冬要考虑的自然是御寒与食物的储备，所以《礼记》当中记载，周代的时候每年立冬（大约在十月一日前后），周天子都要率领公卿百官到王城的北郊举行盛大的迎冬仪式。仪式结束之后，周天子还要抚恤为国捐躯的烈士功臣的家属，赐予他们食物和衣物。同时《月令》中也记载，农历十月开始，天子要换上冬装了。天子的着装含义一方面是为了保暖，另一方面也是给万民做表率。而在民间，除了适时地增添衣物之外，在这个秋收结束的时刻，忙碌了一年的人们自然会有庆祝收获的庆典。在古人的观念中，收获不只是来自人的努力，也离不开神灵与祖先的庇佑，所以丰收的庆典当中，不只要娱人，更要娱神。先民们把新收获的作物奉献给神灵、祖先品尝，是尝新习俗的开始。这种尝新仪式，除了表达慎终追远之情，更重要的还是要请求神灵和祖先，来年继续保佑。

秦历以十月为岁首，十月一日实际上就相当于后来春节的地位，各种仪式是非常隆重的。后来汉武帝颁行《太初历》，十月失去了岁首的地位，各种官方的、仪式性的节俗内容就逐渐地退化或转移，但过冬和祭祀这两项基础的生活诉求始终都保留着。过冬要穿衣，祭祀要追思亡人，这两项诉求实际上就是后来寒衣节产生的底层逻辑。

寒衣节的来历传说

节日的产生固然有其内在的逻辑，但民间自有另一套的表述方式，这往往就是各种传说或故事。故事的内容未必是真的，但之所以有这样的故事，这一事实本身以及其背后的文化诉求，同样也是节日内涵的组成部分。关于寒衣节的来历，民间传说中流传较广的有这么几个故事。

第一个也是最著名的，便是孟姜女的故事。故老相传孟姜女万里寻夫，想在过冬前给夫君带去御寒的衣物，但到了地方发现夫君已成了长城下的一具白骨，于是就有了孟姜女哭长城的传说。孟姜女万里寻夫送寒衣的故事感动了长城内外的父老乡亲，也让人们想到了自己身边的旅人、征人或亡人，于是人们就开始在每年十月初一，给这些人送去寒衣。

第二个故事是一对夫妇演的一出双簧。这对夫妇，男子名为蔡莫，是发明造纸术的蔡伦的哥哥，女子名为慧娘。民间传说，这夫妇二人见蔡伦发明造纸术，就偷偷仿制，但学艺不精，造出的纸质量不好也没有销路。于是夫妻二人就合演一出双簧：慧娘假装去世，蔡莫在出殡的时候为其烧纸，并对慧娘说，这种纸在阴间可当钱用，让她用钱贿赂阎王小鬼，慧娘从而得以复生。因为这天是农历的十月初一，所以后来民间就有了在这天烧纸祭奠亡灵的习俗。

第三个故事，传说寒衣节的设立与朱元璋有关系。朱元璋在南京称帝，南京地区一直有民谚说“**十月朝，穿棉袄；吃豆羹，御寒冷**”。有人说这是因为朱元璋登基之后仿照古礼，在农历十月一这天行授衣之礼，并仿照民间荐新的习俗，将新收的糯米、红豆等作物做成热羹，赏赐给臣下吃。后来这些做法在民间相沿成习，就有了寒衣节。

民间传说当然和历史事实相差甚远，实际上寒衣节的起源就像前面说的，可以追溯到先秦时期人们在入冬时节的过冬以及祭祀习俗。后来这些习俗逐渐演化，到宋元时期寒衣节正式地成为一个节日。此后一直发展到民国，在千年的时间中寒衣节的节俗大体上没有太多变化，但随着古代社会的发展，商品经济逐渐发达，商业的元素也逐渐影响到寒衣节。比如明清时期，在很多城市中已经出现了专门售卖寒衣的行当，这种寒衣分男女款，用五色纸裁剪而成，上面还写着被祭祀的人的姓名、籍贯等，与寄送东西的信封格式类似。也有一些地方送寒衣的仪式逐渐简化，人们不再烧专门裁剪的纸衣，而是直接烧纸钱。

现代社会还要过寒衣节吗？

最近这些年，随着互联网的普及，每个人都有了在公共领域发声的渠道，舆论场也就变得多元了起来。比如对于要不要过寒衣节这个问题，就经常引起争论。支持者认为这是传统文化应该受到保护，反对者也有直接斥之为迷信的，甚至有的地方出于安全和环保的考量，直接下令禁止烧寒衣。怎么看待这些问题呢？

有些人把对亡者的祭祀斥之为封建迷信，但实际上即便现在依然在给亡者上坟烧纸的人，又有多少人还真的相信人死后会有一个“阴间”存在呢？人们之所以保持着在每年同样的一个时间点，重复着这样一种固定的仪式，更多的也只是在追思亡人而已。慎终追远，这是中华民族的传统美德，这样一种祭奠的仪式，实际上体现的是人们之间一种血缘的情感联系。血缘、家庭的和谐稳定，也是社会稳定的基础。

上元节、中元节都有人过，为何下元节无人问津？

令月开真馆，宸游薄太霄。

躬行原庙礼，更作蕊宫朝。

——宋·宋庠

中国古代有“三元节”的说法，分别是上元节（正月十五）、中元节（七月十五）以及下元节（十月十五）。上元节和中元节至今仍是比较有活力的传统节日，尤其是上元节，也就是元宵节，更是与春节、清明节等并列，被认为是最重要的传统节日之一。但相比较而言，同样位居三元节的下元节，如今却已经少有人知道，只在少部分乡间里还保留着一缕余绪。

道教的三官信仰

要说下元节或者三元节，首先要讲到的便是道教的三官信仰。三官，也就是天官、地官和水官。天、地和水，这是人类生存的自然环境中最为重要的三种环境要素。在远古人类的认知当中，自然界的万事万物都有着神灵的主宰，而生活中最为重要的天、地和水，其主宰神灵自然也是无比强大的。所以远在道教产生之前，远古人类就已经产生了对天、地、水的原始神灵崇拜。这些原始的信仰在国家出现以后，逐渐形成相应的正式制度，成为国家权力的组成部分。像周礼当中，就有正式的祭天、祭地、祭水的仪式，都是周天子参与的重大仪式。祭天仪式要点燃篝火，让木材燃烧的烟气上达天空；祭地的仪式往往就要宰杀牺牲（即牲畜），然后将牺牲埋到地里，让大地之神能够享受到血食的供奉；而祭水的仪式往往就是将供品沉入水中，供奉给水神。

三官的信仰从原始的全民的自然崇拜，经过了国家意志的加强，自然在民众的心中有了更普遍而深刻的印象。早期道教产生之后，就利用了民众当中已经广泛存在的这种认识基础，构建自己的宗教理论。道教将天、地、水三种自然环境要素进行了人格化的改造，并在道教的神仙谱系中给予了极高的地位，这就是所谓的天官、地官和水官。既然是宗教理论，要吸引信众自然要将三官和普通人的生活联系起来，于是三官就有了各自的执掌，天官主管赐福，地官主管赦罪，水官主管解厄，这都是人在日常生活中的常见诉求。此外，三官也渗透到道教的宗教仪式当中，比如早期道教中治病禳灾的仪式就叫“三官手书”，也就是把信众的姓名以及请托、认罪等诉求一式三份写在纸上，分别投入山上、地下以及水中，用这种方式表达对天、地、水的祈祷。

再后来北魏时期的道士寇谦之，提出了三元的概念，把三官祭祀的时间固定下来。所谓三元，就是上元正月十五，中元七月十五，下元十月十五，这三天被认为分别是天、地、水三官的生辰。三元本来是道士们的节日，后来逐渐扩展到一般信众，再后来到唐玄宗时期，玄宗笃信道教，遂下令在三元节都内禁屠三日，并展开大规模的斋醮活动。道教中认为三官各有庞大的曹属，每年对应的三元节，三官都会分遣各曹属吏巡行天下，记录人们的言行，然后上天汇报。所以人们对三官的祭祀，也包含着人们希望三官能够多言好事，能解厄赐福的诉求。

下元节的民俗

下元节是道教三官中水官的诞辰之日，水官主管解厄，也就是能帮助解决生活中各种灾病、不顺遂的困难。所以从传统上来说，下元节的主要习俗便是道教主持的斋醮仪式，以及民间祭祀水官，祈求解厄，后来还发展出祭祀亡灵、祖先的习俗。另外，民间也有水官为道德天君即太上老君的说法，太上老君的炼丹炉非常有名，于是后来就被附会成了炉神，被所有与炉有关的行业比如铁匠，尊为祖师爷。所以在下元节这一天，也是一些行业祭祀炉神的日子。

在中国古代很长一段时间里，道教都是官方认可的重要本土宗教，下元节也是官方认定的法定节日，像宋代还有三天的假期，以及都内禁屠等规定。但到了近代以来，随着道教本身的式微，以及现代科技对这种原始的自然崇拜的消解，三元节都受到了不同程度的冲击。但上元节、中元节除了对天、地这些自然神灵的崇拜之外，还有儒家、佛家信仰的加持，同时也有一些传统社会伦理方面的内涵，比如上元节的团圆、中元节的孝顺等等。相比较而言，下元节除了道教的水官信仰之外，其他内涵就比较薄弱，所以受到的冲击尤为明显。现在，还能偶然在乡间得见的下元节习俗，大致有这么几种。

首先是传统的祭水习俗。这种习俗在现在福建的莆田一带还有遗存。当地人民一般会选在下元节这天的傍晚，在田头上摆上供桌，上面摆上供品，然后还要在田头上插上香，祈祷水神保佑。

其次是祭祀亡灵、祖先的习俗。这一习俗留存稍广一些，在福建莆仙、山东邹县、湖南宁远等地方还能见到些许。比如福建莆仙地区，有些人家会在下元节这天，在房前的空地上支上供桌，摆上用锡箔纸做的银元宝等供品，还要让小孩子把香插成稻田的样子，称为“布田”，这是当地祭祀亡灵的一种仪式。

再次，在浙江温州一带留存着十月十五祭祀“杨府爷”的习俗，在当地的林家塔村有杨府爷刀斩巡安活动。杨府爷的身份来历颇为复杂，当地石刻文字可以追溯到唐朝，但也有民间传说附会到宋代杨家将身上的。温州一带靠水，不论是水田还是捕鱼，当地居民靠水为生，杨府爷逐渐具备了当地水神的身份。杨府爷本为武将，而温州一带历史上也曾多次遭遇兵祸，比如嘉靖年间的倭寇，在抗倭的过程中，当地逐渐形成了杨府爷显灵的传说。再加上农历十月十五下元节本就是祭祀水官的节日，这两者就逐渐地融合在了一起，成了当地比较有特色的一种下元节习俗。

下元节的传承

同样都是传统节日，上元节至今仍然是非常热闹的元宵节，而下元节已经成了需要保护的“文化遗产”。下元节衰落的原因很复杂，但主要的原因还是道教本身的衰落，以及下元节的文化诉求比较单一。从传承和保护的角度说，下元节中还有哪些元素能够发掘一下，让它被今天的人所接受呢？我觉得有这样几点。

首先就是下元节解厄的诉求。解厄，也就是祈求神灵解除灾厄、厄运等生活中不好的事情。传统的下元节主要是祈求水官来解厄，对于今天的人来说，不管是不是信奉道教，水官的信仰可以先放在一边，解厄的文化诉求可以演化为一种祈福或祝愿。生活当中总会有这样或那样的不幸，不管是自己还是身边的亲朋，在这样的一个时间节点上，送上一份祝福，表达一份祝愿和善意，也是一份美德。

其次就是慎终追远，祭祀亡人。中国传统上有几个比较重要的悼亡的节日，包括清明节、中元节、下元节等等。有些人会把祭祀祖先、亡人当作是一种封建迷信。对于死亡的态度，其实也是一种宝贵的生命体验，人们可以通过这种祭祀仪式，在特定的时刻表达对亡者的思念。

再次，下元节是传统的道教节日。道教作为我国的本土宗教，其理念、理论还是有值得今人继承和学习的地方的。道教的思想、仪轨，也是中国传统文化的组成部分。

寒冬数九，到底是在数什么呢？

一九、二九不出手，三九、四九凌上走，五九六九河边看杨柳，七九河开，八九雁来，九九加一九，耕牛遍地走。

——数九歌

中国的民俗当中，有很多带“九”的俗语，比如“冬练三九，夏练三伏”“春打六九头”“雨雪连绵四九天”等等。三九、四九、六九，这些俗语实际上共同提到了我国民间传统的“数九”习俗。所谓数九，也叫“冬九九”，一般是从冬至这一天开始，每隔九天为一个段落，循环九次共八十一天的一种计日方法。从冬至开始往后数八十一天，差不多就到了第二年的惊蛰前后，冬季过去，春天也就正式到来了。

数九这一习俗，在如今的城市当中已经比较少见，只在乡村和部分老人的记忆中还有些留存。但在中国古代，这却是人们安排冬日生活，度过寒冷冬季必不可少的习俗，也有着上千年的历史，还衍生出诸如数九歌、数九图等更多的花样。下面，咱们就来讲讲数九的故事。

数九的历史

数九的习俗最早产生于什么时候？这个现在已经很难有一个确切的考证了。目前见于文献最早的数九记载，一般认为是南朝宗懔的《荆楚岁时记》一书，书中记载：“**俗用冬至日数及九九八十一日，为寒尽。**”也就是说，当时的民间有从冬至开始数九的习俗。考虑到从民俗到文献的过程，实际上数九的习俗产生的还要更早一些。

说到数九，有些朋友可能就会问，为什么要数九？而不是数八、数七呢？这就要说到“九”这个数字的特殊性了。在中国古人的观念中，世界万物都可以分成阴阳两种性质，然后阴阳之间相互转化、运动从而构成了整个世界，像男人女人、白天黑夜都可以用阴阳来解释，数字也是这样。用今天数学的概念来说，奇数就是阳数，偶数就是阴数，所以数字九，就是最大的阳数。同时在十进制当中，九也是最大的数，超过九就要进一，所以九也是一个引起质变的门槛。此外，在古人的阴阳观念当中，冬天是属阴的，而冬至这一天是至阴的时刻，过了这一天阳气就开始逐渐地复苏了。用九这个最大的阳数来记录阳气的复苏，连数九个循环，这便是所谓数九在阴阳观念上的一个解释。

除了这种底层的观念、意识方面的因素之外，人们之所以发明数九这样一种带有游戏性质的活动，更直接的原因还是“共克时艰”的诉求。因为古人体会到的冬天，和现代人是很不一样的。如今在中国，在空调、暖气、羽绒服等保暖防冻物品的加持下，很少再有冬天冻死人的情况出现了。

但在古代中国，冬天是非常难熬的，有时能少冻死一点人，都能算得上是治世了。在这种环境下，人们自然也就产生了数着日子过冬，期待冬天赶紧结束的迫切心情。同时，当周围所有的人都在一起数九的时候，这实际上也成了一种人群共同的情感体验。大家一起共克凛冬，也能产生出一种积极、乐观的情绪。

数九歌、数九诗和九九消寒图

既然数九是有一定游戏性质的计日方法，那相应的也就产生了许多不同的游戏玩法。最早产生的应该是各种版本的数九歌。

所谓数九歌，就是一种可以吟唱的帮助人们数九计日的歌谣。歌词在全国各地都有不同，不过一般都是“一九二九如何如何，三九四九如何如何”，一直到“九九如何如何”这样的格式。歌谣的内容除了计日之外，一般都是描述每一个时间段内比较典型的自然或人文现象。而具体的内容，因为国家幅员辽阔，各地冬日的气候表现可能都不太一样，所以数九歌的内容也有所不同。比如北京地区曾经流行的数九歌就是这么唱的：

> 一九二九，相唤不出手。三九二十七，篱头吹觱篥[1]。四九三十六，夜眠如露宿。五九四十五，家家推盐虎。六九五十四，口中呬[2]暖气。七九六十三，行人把衣单，八九七十二，猫狗寻阴地。九九八十一，穷汉受罪毕。才要伸脚睡，蚊虫獦蚤[3]出。

---

1. 篱头吹觱篥（bì lì）：篱头即篱笆，觱篥是一种从西域传入的管乐器。这句话是说，三九的时候风吹过篱笆，发出的声音如同觱篥一般，形容冬季风大且冷。
2. 呬（xì）：呵气。
3. 獦（gé）蚤：跳蚤。

而到了南方，冬天的气候不同，数九歌的内容也不一样，比如江苏常州一带曾有这么一首：

头九二九，相逢不出手；三九四九，冻得索索抖；五九四十五，穷汉街上舞；六九五十四，蚊蝇叫吱吱；七九六十三，行人着衣单；八九七十二，赤脚踩烂泥；九九八十一，花开添绿叶。

数九歌最早作为平民百姓中产生的民俗，其言辞是非常朴实、简单的。后来随着数九习俗的扩展，读书人群体也参与进来，甚至后来还扩展到了皇宫里。这些人自然是看不上简单、朴实的数九歌的，于是读书人就发明了更多文雅的数九方法，比如数九消寒诗、数九消寒图，相应的也就衍生出了画九、写九的习俗。

先说画九，也就是数九消寒图。民间常见的数九消寒图以梅花为主要内容，每幅图上有九枝梅花，每一枝上又有九个花蕾。使用的时候每天都给一个花蕾添上花瓣，画成一朵梅花，整幅图画完正好就是九九八十一天。关于这个消寒图，民间还有一个故事。说南宋著名爱国志士文天祥，被元军押送到元大都之后关押在监狱里，正值北方冬至，非常难熬，文天祥为了计算自己被囚禁的日期，同时也为了表达自己“留取丹心照汗青”的志气，就开始在监狱的墙壁上画梅花，每天画一朵，九日画成一枝，画满九九八十一朵的时候，春天来了，文天祥也英勇就义。后来人们为了纪念文天祥，就流传下了画梅数九的习俗。

再说说写九，也就是填写的数九消寒图。这种图一般是由九个汉字组成，每个汉字都是九笔（繁体），每天写一笔，写完一幅正好也是八十一天。一般来说这九个汉字要构成一个意思完整的句子，常见的比如“亭前屋後看劲柏風骨”“故城秋荒屏栏树枯荣”等，一般也都是冬季应景的意象。后来这种写九的做法相沿成习，也随着印刷术的发展，遂有了印刷好的留白数九消寒图，只要买回来挂在家里，每天涂色就好。不过也有些文人觉得每天一笔不过瘾，于是就在消寒图的留白处，记录一些当日的物候风俗，比如“今日风”“祭灶天凉糖瓜入市”之类。这些带有手写内容的消寒图，有少量留存至今，成了反映当年气候、风俗的珍贵档案资料。

除了这种单句的数九消寒图之外，明代以来，宫中和民间还流传一些更为复杂的消寒图诗。像明代刘若愚在他的《明宫史》里就记录，当时宫里司礼监每年冬天都印刷消寒图诗，**“每九诗四句，自‘一九初寒才是冬’始，至‘日月星辰不住忙’止”**。也就是说，为每一九写一首诗，整组消寒图诗共有九首诗。像这种内容就比较庞杂，但由于诗文比较长，留下来的反倒是不多。比较有名的是清朝道光年间，山东文人王之瀚的一组消寒图诗，共有九首绝句组成，其中一九和二九部分是这么写的：

> 一九冬至一阳生，万物自始渐勾萌，莫道隆冬无好景，山川草木玉妆成。
>
> 二九七日是小寒，田间休息掩紫关，千家共盈享年福，预计来年春不困。

这组诗除了记录每一九的气候之外，还记录了这一时段的农事、民俗，可以说既有文学性，也有指导农业生产的实用性，非常难得。

数九的传承

数九、画九、写九，这些都是古代过冬时的常见民俗。究其原因，一方面是为了给寒冷难熬的冬季找点乐子，另外也有记录、指导农业生产生活的作用在里面。甚至在有些地方，这种简单、上口的词句，还承担了一定的启蒙教育功能，作用大致与《三字经》《千字文》之类的蒙学读物类似。据说旧时有蒙学的先生教学，就有令学生自己翻字典，编写数九消寒诗，这对学生识字、用字确实是很好的训练。另外，在旧时民间，冬至前后还有邻里亲朋之间互赠消寒图的习俗，互相表达顺利度过寒冬的祝愿。

因为有着这样的一些诉求，使得数九的习俗存续了上千年之久。但同样也是因为这些诉求，使得数九这种习俗在今天已经很难存续下去了，因为不管是计日，还是娱乐，我们今天都有了更准确、更好的选择。不过即便如此，哪怕是作为知识性的内容，我想还是应该把数九相关的信息传递下去。起码可以让我们的后人知道，曾经我们的先人在冬季这个时段，是这么度过的。这是一种记忆的延续。

解密腊八节：腊八节从何而来？为什么要喝腊八粥呢？

腊月风和意已春，时因散策过吾邻。
草烟漠漠柴门里，牛迹重重野水滨。
多病所须惟药物，差科未动是闲人。
今朝佛粥交相馈，更觉江村节物新。

——宋·陆游

现在我们一般把每年农历的十二月称作腊月，进入腊月之后，一切活动的重心就开始围绕着过年转起来了。而腊八节，就是腊月里的第一个比较重要的传统节日。

腊八节的传说

关于腊八节的来历，有各种各样的传说，比较著名的有这么几个。

首先最著名的一个传说，是跟佛祖释迦牟尼有关。据说释迦牟尼出家之后在树下静思，但过了六年都没有得道，他非常疲惫，有一天就在树下晕倒了。这个时候正好有一个放牧的女子路过，女子用捡来的野果和杂粮，以及山间的泉水给释迦牟尼煮粥，释迦牟尼吃过后恢复了体力。他在树下继续打坐修行，在腊月初八那天开悟得道。佛教传入中国之后，这个故事也跟着带到了中国，于是每年的腊月初八，寺庙的僧众都会煮粥、布施，也有着纪念佛祖的意思。

第二个传说是与修长城有关。相传秦始皇修长城的时候，动用了大量的劳动力，这些人生活特别凄惨，超期服役不能回家，到了冬天，吃穿也都不足。于是有一年的腊月初八，天气特别冷，劳力们把残存的杂粮凑在一起煮了一锅粥，分食御寒。后来这个做法就在长城内外的百姓中相沿成习，并逐渐扩散开来。

第三个传说是关于岳飞的。岳飞率军在朱仙镇抗敌，到了腊月里天气非常寒冷，周围的老百姓就每家捐出一点杂粮，熬“千家粥”给岳家军御寒。岳家军喝了老百姓的粥，恢复了力气，最终大胜金军。据说这一天是农历的腊月初八，后来人们为了纪念岳家军大胜，煮杂粮粥的习俗就延续了下来。

还有一个传说是关于朱元璋的，这位贫民出身的皇帝，留下了很多跟吃有关的传说，比如“珍珠翡翠白玉汤”“凤阳豆腐”之类的。朱元璋和腊八粥也有一个故事，说的是当年朱元璋落难的时候被抓进了监狱，正值腊月初八天寒地冻，这时候朱元璋在监狱里发现了一个老鼠洞。朱元璋准备挖老鼠吃，结果意外地在老鼠洞里发现了老鼠存下来过冬的一些大米和杂粮，于是他就把这些杂粮拿出来煮了一锅粥。后来朱元璋当了皇帝，非常怀念当时那碗粥的味道，也为了忆苦思甜，于是就下令把腊月初八这天定为了腊八节。

关于腊八节的传说可以说是五花八门，时间跨度从先秦一直到明代。一个节日的起源时间跨度当然不能这么大，而且这些传说的内容离真实的历史也比较远，更多的还是表达老百姓的某种纪念。那么腊八节的真实来历到底是什么呢？这个还要从我国古代的腊日传统说起。

腊八节的来历

要说腊日，首先就得解释一下“腊”这个字。《礼记》中有载：“**腊者，接也，新故交接，故大祭以报功也。**”也就是说，在辞旧迎新、新旧交替的时候，要举办大型的祭祀活动来告慰神灵、祖先，感谢他们的保佑，这种祭祀活动叫作“腊”。汉代成书的《风俗通义》里也写道，这个“腊”字，在先秦时期和狩猎的“猎”字是可以互通的。祭祀神灵不能空着手，要有各种供品，所以大型的祭祀往往也伴随着狩猎活动，腊祭也可以写作是“猎祭”，而举行腊祭的日子，就被称作是“腊日”。

先秦时期的腊日是一个大型的综合性活动，前后往往持续多天，大致的活动内容包括祭祀神灵、祭拜祖先、欢庆丰收等等。不过腊祭的日子最早其实并不是固定的，比如汉代的时候就规定，腊日是冬至之后的第三个戌日，但熟悉干支纪年法的读者应该知道，这个日期其实每年都是不固定的。腊日确定在农历十二月初八，这是到了魏晋南北朝时期的事了。

腊八节的民俗

我们今天提到腊八节的习俗，首先想到的肯定是腊八粥了。但实际上，一开始过腊八节的时候，人们是不喝腊八粥的。魏晋南北朝时期腊八节的日期正式确定下来，这之后腊八节的主要习俗还是祭祀、宴饮之类。到唐朝的时候，腊八节已经成为唐朝官方认可的一个正式节日，皇帝会在这个时候会见群臣，赏赐一些过冬的礼物。有些礼物很有意思，像大诗人杜甫就曾经有一首诗叫《腊日》，里面就有这么两句：**“口脂面药随恩泽，翠管银罂下九霄。”**口脂、面药，大概相当于现在的唇膏和面霜，兼有美容、护肤的功效，想想唐朝的文人活得还真是挺精致的呢。

而我们现在更熟悉的腊八粥，大约最早出现在北宋时期。说起腊八粥，这里还有一个笑谈。很多人一提到腊八粥，本能地就会觉得应该是八种材料，但其实不是的。腊八粥的来历说法很多，影响较大的是佛教起源说，也就是前面讲过的释迦牟尼和牧羊女的故事。大约从北宋时期开始，有些寺庙的僧众借用了这个故事，开始在腊八节这天煮粥、布施。当时寺庙煮粥的用料主要是胡桃（核桃）、松子、乳蕈（蘑菇）、柿饼、板栗，加上米和豆，共七样，象征佛家“七宝”，蕴含着“酸辣苦甜咸”的人生五味，故称“七宝五味粥”。当然后来习俗传布至民间，这个用料也就越来越杂，渐渐地没了一定之规，近代老舍先生还曾经将腊八粥笑称作“小型农业博览会”，也是类似的意思。施粥这种行为，在古代其实是一种比较流行的善举，尤其是在十冬腊月天寒地冻的时候，一碗热粥是真的能给穷苦人活下去的勇气的。同时宗教信仰的加持，又让这碗热粥更添神力，所以腊八粥又有“福寿粥”“佛粥”之称。到明清时期，就连政府也加入施粥队伍中来，比如北京雍和宫的腊八粥，最早就是乾隆皇帝专门下旨，在雍和宫铸了一口重达 8 吨的大铜锅熬制的，这口锅现在还在雍和宫收藏着，已经是文物了。而北京的老百姓如今虽然早已不缺那口粥喝，但对那份福气依然趋之若鹜，所以每年腊八节雍和宫依然是凌晨就排起长队，人山人海一片人间烟火气。

就全国来说，腊八粥可能是大家最熟悉也是传播范围最广的腊八节习俗了。但除此之外，有些地方还有着具有地方特色的腊八节风俗，同样很有意思。比如在我国北方的一些地区，尤其是山东半岛，人们会在腊八节这天腌制腊八蒜。具体的做法是买新鲜的大蒜，用米醋泡起来，装到密封的罐子里。差不多到过年的时候，泡制的大蒜已经完全没了辛辣的味道，整体呈现出碧绿色，口感也非常清脆，是年节期间北方餐桌上常见的爽口小菜之一。

而在安徽省黄山市黟县，则有一种名为“腊八豆腐”的传统小吃。这实际上是一种用辣椒、五香粉等原料腌制出的豆腐干，入口松软，咸中带甜，有“素火腿”之称。据说这种腊八豆腐，原来叫“老婆豆腐”。明清时期徽商遍布全国，外出行商很是辛苦，一般粮食携带不便，家里的媳妇就给男人们做这种豆腐带着上路，好吃还便于储存。黟县的“老婆”字音发声很像“腊八”，久而久之这豆腐也被称作“腊八豆腐”。

关于腊八节的传说和地方风俗还有很多，比如有的地方流行吃“腊八面”；有的地方有腊八吃冰的习俗；过去乡间有些老人在吃腊八粥的时候有藏一碗在橱子里的习惯，图一个年年有余；老北京还有在腊八节嫁姑娘的习俗。节日的过法各有不同，甚至腊八粥也能分成“甜党”和“咸党”，但节日里那份温暖的情绪是一致的。这可能也是腊八节最宝贵的东西吧。

小年与祭灶：食谱中的人间烟火气

古傅腊月二十四，灶君朝天欲言事。

云车风马小留连，家有杯盘丰典祀。

——宋·范成大

农历腊月二十三或二十四，是民间传统的“小年”了。小年的历史非常悠久，早在汉代的时候，崔寔的《四民月令》里就有“**腊明日更新，谓之小岁，进酒尊长，修贺君师**”的说法，可见当时的小年，主要是人们孝敬师长的时节。到了宋代以后，祭祀灶神逐渐成为民间小年的主要习俗，并且一直延续到了今天。

小年到底是哪一天？

在全国性的节日当中，小年可能要属于最“迷糊”的节日之一了。因为小年的具体日期，在全国来说就有好几种不同的说法，比如“北三南四”“军三民四”等诸多说法，统计下来能有六七种。从文献记载来看，宋代时候小年的日期就是腊月二十四，但后来到清朝，从乾隆年间开始皇帝定在腊月二十三这天举行腊祭仪式，顺带着也就把灶王爷一起祭拜了。北方很多地区受到清廷影响，逐渐开始将小年的日期前移到了腊月二十三，而南方依然保留着腊月二十四的古俗。另外明清时期，有些地方还有军户这种特殊户籍，军队的制度肯定是要跟着国家来的，朝廷改为腊月二十三祭灶，军户应该也就跟着改了。所谓“军三民四”的说法，大概是这么来的。

除了腊月二十三、二十四两天之外，国内还有些地方的小年日期更为特殊。比如南京，早先的时候就有元宵节过小年的传统，据说这跟明成祖朱棣有关。明成祖从北方南下，到南京夺了侄子建文帝的江山，南京的老百姓很讨厌他，在正月十五元宵节的灯会上怀念建文帝时的好日子，后来相沿成习，正月十五就成了当地的小年。此外，还有一些少数民族把小年定在正月十六，甚至还有把除夕夜当作小年的。

灶王爷的来历

说到小年的习俗，最普遍的也就是祭灶神了。所谓的灶神，也就是咱们民间俗称的“灶王爷”，各地还有“灶老爷”“司命灶君”等等不同的称呼。据说，灶王爷是玉皇大帝派到民间管理各家灶火的神官，同时也肩负着监察人间善恶的任务，所以在过去几乎是家家都供奉着灶王爷，可以说是老百姓的“一家之主”。

关于灶王爷的身份、来历，民间有很多不同的传说，时间跨度上从上古时代开始，一直向下几千年。时间最早的版本认为，灶神是炎帝，《淮南子》里便写道：**“炎帝作火，而死为灶。”**而上古时期有专属的火神，名为祝融，所以也有传说认为灶神就是祝融。这几种传说应该都是从原始的火焰崇拜衍生出来的。而灶这种烹饪设备的出现，当然比人类用火要晚一些，而有了灶之后，逐渐也就产生了掌管灶的神灵。灶是怎么产生的呢？上古传说黄帝有一个儿子名叫挥公，这个人曾经担任过火正一职，并于任上发明了灶。有了灶之后，人们做饭生火都方便多了，为了纪念挥公，后来人们就把他尊为灶神。

这些都是关于灶神的上古传说，而人们对灶神的祭祀，确实比较古老，商周时期对灶神的祭祀就是国家正式祭祀之一。不过后来人们更为熟悉的，灶神负责监察人间百态的职掌，似乎是到了汉代以后才有的，于是才逐渐产生了让灶王爷“上天言好事”的诉求，以及相应的各种习俗。

中国古代的神灵、神话，最早的时候往往带有原始巫术的痕迹，神灵都特别高强、神秘。但后来这种巫术的痕迹逐渐淡去，神灵逐渐开始变得世俗化，显得更加“接地气”。关于灶神的起源传说也体现出这样的特点。后世有这么一个传说，大致是讲灶神原来是民间的一个张姓的负心汉，他有钱之后嫌弃糟糠之妻郭氏生不出孩子，就把郭氏休掉，另找了一个风尘女子。但这个风尘女子骗光了他的钱之后就跑掉了，姓张的男子破了产只能到处要饭。而原本的郭氏反倒另嫁了一户老实人家，还生了孩子，过得很幸福。有一天这个姓张的负心汉经过前妻家门口，看到这一幕就羞愧难当，一头撞死在了前妻家的灶台上。后人感念他尚有羞耻之心，又是死在灶下，于是就让他看守灶门，主管饮食之事。后来就演化为高深莫测的灶神老爷。

食糖嘴甜：上供的各种糖类

且不管灶王爷的来历如何，既然是给灶王爷上供，那供品当然是少不了的。而且，中国幅员非常辽阔，虽然小年祭灶是个全国性的习俗，但其实具体上什么供，全国各地的差异还是非常大的。

小年祭灶，主要是送灶王爷上天，民间有“上天言好事”的说法，主要是让灶王爷上天述职的时候，多给家里说说好话，期待明年老天爷能给个好运气。所以自然而然的，人们就想到给灶王爷吃各种糖，希望老人家能嘴甜一点。不过这甜食的做法，各地差别可就大了。

• 灶糖

灶糖是民间祭灶最常见的一种供品了，主要的做法有两种：一种是用麦芽糖，另一种是用江米磨粉加上饴糖。很多地方会把灶糖做成中空的南瓜状，所以也叫“糖瓜”。老北京人把灶糖叫作“关东糖”，言其做法传自关东地区。江苏地区商业发达，习惯将灶糖做成元宝型，叫作“糖元宝”。另外，各地还有把灶糖做成小鸡、小鸭或葫芦、荸荠一类的，形状很是多样。

其实用糖当供品，主要是两层意思。除了前面说的吃甜食嘴甜之外，还有一点很有趣。用来做灶糖的材料，除了甜之外，黏性还特别大。老百姓觉得灶王爷吃了这个糖之后，嘴就给黏住了，自然就说不了坏话了。可见中国老百姓的很多信仰，其功利色彩是比较重的，不太像西方的一些宗教，对神灵那般崇敬。

• 糖饼

除了灶糖之外，很多地方还会为灶王爷准备糖饼，按地方不同有面饼和米饼两大类，这应该是和物产不同有关系。比如在陕西同官，有一种叫“灶火饨”的糖面饼，是当地祭灶的必备供品。而在广东的一些地方，就用糯米和糖做成的米饼、糍饼来祭灶。

各类面食：送灶王爷吃饱上路

糖虽然好吃，但毕竟不管饱啊！灶王爷要远行，干粮也是必不可少的。所以在祭灶的供品中，也少不了各类的面食。当然，南北方物产不同，北方人就多用面粉，南方多用米粉。

• 水饺和粉团

在北方的很多地方，有“出门饺子回家面”的说法，灶王爷作为老百姓家里的“一家之主”，出门远行前的一碗饺子是少不了的，所以饺子也是北方地区很常见的一种祭灶供品。比如山东聊城市，在小年晚上祭灶的时候就拜一碗或三碗水饺，在碗上搭放几双筷子。

江浙一带普遍用粉团作为祭灶的供品，当然粉团的做法也是多种多样。比如江苏的一些地方，在腊月二十四晚上用米粉和红糖各半，搓成团子，当地叫“玛瑙团”。在祭祀的时候，还要把四个团子摞起来。也有些地方，会用米粉做成一些小鸡、小鹅一类的形状，一并煮来祭祀。浙江湖州双林地区，祭灶的时候会做一种“送灶圆子”，用糯米和南瓜和成黄色，也有做成元宝形状的。

•各类糕、馍

各种糕、馍也是祭灶常见的供品。比如在陕西、山西、甘肃、山东等地区，很常见的一种枣山馍馍，实际上就是一种布满红枣的大馒头，最大的特点就是一个字：大！比较大的馒头的直径有十几厘米，高三十几厘米，有十多斤重！当然，有些比较讲究的地方，会给馍馍搞出各种造型，比如以大红枣为中心做出云纹、如意纹之类。

在山西的一些地方还有做“上山老虎下山羊”造型的，意思就是老虎上山不吃人、羊下山了，这表示平安回家了，都是一些吉祥的期许。也有些地方会做各种糕来祭祀，原料各地不一，但无一例外都很黏，估计跟粘嘴的糖食有异曲同工之处。

各类菜肴

只有各种主食，灶王爷的食谱还是太单调了一些，于是在很多地方的祭灶活动中，还要给灶王爷上菜。这菜单上，最常见的莫过于鸡和鱼了。

在北方的很多地方，祭灶的时候多用雄鸡。比如在陕西醴泉，腊月二十三祭灶的时候，要杀一只红色的公鸡，不过在北京、河南的一些地方，则要杀白色的公鸡，看来这些地方的人们普遍认为：灶王爷喜欢吃鸡。也有很多地方用鱼祭祀。比如河南郑州，当地民间的祭灶就用一尾鲤鱼、一只生鸡、一方肉、三杯酒来给灶王爷送行。

在湖北和江西的一些地方，祭灶时还经常用到豆腐。南京人祭灶也用豆腐，还要配上大葱，表示家中“一清（青）二白”。在山西的一些地方，祭灶要用上几个鸡蛋，据说是给狐狸和黄鼠狼的，当地人认为这两种动物是灶王爷的手下。

在南方的一些地方，当地有祭灶不杀生的习俗，所以那里的灶王爷只能吃素了。比如广西凌云，在腊月二十三这天晚上，会焚香煮茶，然后摆上各种素菜、糖果祭灶王。在福建莆田，会用甘蔗、荸荠、花生、橘子等食物祭祀。

饮品

一顿饭有肴还要有酒才显得地道，所以在各地灶王爷的菜单里，除了各种菜饭，还少不了各种饮品，这其中最常见的就是茶和酒了。比如云南石屏在腊月二十四用饼和茶祭灶，而山西榆社则是用米酒“送灶朝天”。

祭灶的供品可谓是多种多样，各地灶王爷的食谱也多有不同。不过总的来说，还是突出“甜”和“黏”两个字，主旨当然还是希望灶王爷上天之后多说好话、少说坏话吧。当然，祭祀这件事情也得看家里的条件，富裕人家的供品自然就丰富些，贫苦人家就简单些。不过在过去，祭灶是很重要的事情，再穷的人家，上几炷香意思一番还是必不可少的。

记得小时候曾听过一首《腊月歌》，大概是这么唱的：

> 小孩小孩你别馋，过了腊八就是年。腊八粥喝几天？二十三，糖瓜粘；二十四，扫房子；二十五，磨豆腐；二十六，去割肉；二十七，宰公鸡；二十八，把面发；二十九，蒸馒头；三十晚上熬一宿，大年初一扭一扭。

一首《腊月歌》，把腊月二十三之后每天的任务都安排得明明白白。虽说如今城市里的人们，可能并不十分严格地遵守这每天的日程安排，但小年之后，人们确实就要开始忙过年了。而过年的气氛，也就在这一天天的忙碌中，浓烈了起来。

参考文献

古籍文献（按古籍原作年代排序）

王世舜、王翠叶译注：《尚书》，中华书局 2012 年版。

杨天宇：《周礼译注》，上海古籍出版社 2004 年版。

黎翔凤：《管子校注》，中华书局 2004 年版。

许维遹撰：《吕氏春秋集释》，中华书局 2009 年版。

[汉] 司马迁：《史记》，中华书局 1982 年版。

[汉] 崔寔著，石声汉校注：《四民月令校注》，中华书局 2013 年版。

[汉] 班固：《汉书》，中华书局 1962 年版。

何清谷校注：《三辅黄图校注》，三秦出版社 2006 年版。

[晋] 葛洪撰，周天游校注：《西京杂记校注》，中华书局 2020 年版。

[南朝宋] 范晔：《后汉书》，中华书局 1965 年版。

[梁] 宗懔：《荆楚岁时记》，中华书局 2018 年版。

[后晋] 刘昫等：《旧唐书》，中华书局 1975 年版。

[宋] 欧阳修等：《新唐书》，中华书局 1975 年版。

[宋] 孟元老著，王永宽注：《东京梦华录》，中州古籍出版社 2010 年版。

[南宋] 周密：《武林旧事》，中州古籍出版社 2019 年版。

[元] 吴澄：《月令七十二候集解》，中华书局 1985 年版。

[清]潘荣陛：《帝京岁时纪胜》，北京古籍出版社1981年版。

[清]顾禄：《清嘉录》，中华书局2008年版。

[清]赵尔巽等：《清史稿》，中华书局1977年版。

[清]董诰等：《全唐文》，中华书局1983年版。

[清]严可均：《全上古三代秦汉三国六朝文》，上海古籍出版社2009年版。

今人著作（以作者姓氏拼音排序）

丁世良 赵放主编：《中国地方志民俗资料汇编》，国家图书馆出版社2014年版。

河北省平乡县地方志编纂组：《平乡县志》，方志出版社1999年版。

孔玉芳：《经典河南·庙会》，大象出版社2007年版。

李英儒：《春节文化》，山西古籍出版社2003年版。

邱炳军：《中国人的二十四节气》，化学工业出版社2018年版。

宋敬东：《中华传统二十四节气知识》，天津科学技术出版社2018年版。

宋英杰：《二十四节气志》，中信出版社2017年版。

王臣：《岁时书——古诗词里的中国节日》，化学工业出版社2019年版。

杨琳：《节日中国：重阳》，生活·读书·新知三联书店2009年版。

余世存：《节日之书》，北京时代华文书局2019年版。

张勃、荣新：《中国民俗通志·节日志》，山东教育科学出版社2007年版。

赵子贤搜集整理，赵逵夫注：《西和乞巧歌》，上海远东出版社2014年版。

中国民间文学集成全国编辑委员会：《中国民间故事集成》，中国ISBN中心1997年版。

论文（以作者姓氏拼音排序）

常建华：《清代的岁时节日风俗》，《南开史学》1990年第2期。

陈裔欣：《中国古代花朝节流变及节俗文化探微》，《名作欣赏》2013年第36期。

刁统菊，赵容：《山东中元节节俗述略》，《云南民族大学学报》2015年第3期。

方彧：《从民间传说探析春节文化内涵》，《民间文化论坛》2010年第5期。

冯军：《济渎庙碑刻研究》，郑州大学，2011。

冯姝婷：《六月六的历史演变与文化内涵研究》，辽宁大学硕士学位论文2019年。

韩梅：《元宵节起源新论》，《浙江大学学报》（人文社会科学版）2010年7月。

胡迟：《安苗节：农耕文化的信仰嬗变》，《江淮文史》2016年第5期。

贾鸿源：《清末民初湖北惊蛰打虾蟆习俗》，《寻根》2015年第5期。

江玉祥、牛会娟：《夏至阴生景渐催——夏至与伏日的习俗》，《文史杂志》2014年第4期。

蒋玮，沈建东：《苏州花朝节的文化传统及其重建》，《中北大学学报》（社会科学版）2013年第1期。

李翠华：《先秦至唐宋时期春节习俗研究》，中山大学2010年硕士学位论文。

李菁博、许兴、程炜：《花神文化和花朝节传统的兴衰与保护》，《北京林业大学学报》（社会科学版）2012 年第 3 期。

李松龄：《冬至数九话消寒》，《北京档案》2013 年 11 月。

李文君：《乾隆皇帝的中秋节》，《紫禁城》2017 年第 10 期。

林亦修：《三官文化与杨府信仰：道教文化与民间信仰相结合的范式》，《温州职业技术学院学报》2019 年 9 月。

刘海燕：《关羽形象与关羽崇拜的传播与接受》，《南开学报》（哲社版）2006 年第 1 期。

刘宗迪：《敬老与祈寿，重阳节探源》，《紫禁城》2019 年 10 月。

蒙锦贤：《汉族“六月六”节俗传统考辨》，《非物质文化遗产研究集刊》2018 年。

宁坚：《延续 500 年的侗寨谷雨节》，《方圆》2017 年第 8 期。

宁霄：《清宫中秋戏剧观演活动》，《紫禁城》2017 年第 10 期。

庞阳：《论“关财神”崇拜的宗教内涵与民俗习尚》，山东艺术学院 2012 年硕士学位论文。

彭恒礼：《浴佛节在中原乡村的传承与嬗变——兼谈浴佛节演剧习俗的学术价值与意义》，《民间文化论坛》2020 年 3 月。

乔晓光：《活态文化·冰雹与祭祀——后张范“立夏祭冰神”个案的村社文化调查》，《民间文化论坛》2010 年第 1 期。

邱绮：《传统七夕节演变历程与现代转型》，中南民族大学硕士论文 2012 年。

邱绮：《传统七夕节演变历程与现代转型》，中南民族大学硕士论文 2012 年。

覃承勤：《壮族火棍舞》，《民族艺术》1987 年第 4 期。

王琛发：《17 － 19 世纪南海华人社会与南洋的开拓》，《福州大学学报》（哲学社会科学版）2016 年第 4 期。

王琛发：《东南亚：生死五常》，《看历史》2013 年 1 月号。

王琛发：《南洋华人的清明节：承先礼而成其理》，《民俗研究》2015 年第 4 期。

王蕾：《唐宋时期的花朝节》，《华夏文化》2006 年第 3 期。

王珍：《九九消寒图研究》，南京艺术学院硕士学位论文 2018 年。

萧放：《端午节俗的传统要素与当代意义》，《民俗研究》2009 年第 4 期。

萧放：《十月朔·秦岁首·寒衣节》，《文史知识》1999 年 11 月。

熊慕东：《谷雨：神鸡一叫天下清 品茶不忘仓颉敬》，《农村·农业·农民》（A 版）2016 年第 4 期。

杨红梅：《侗族粽子节的经济人类学研究》，贵州财经大学 2013 年硕士论文。

杨琳：《“数九”应从何日数起？》，《民俗研究》1999 年第 3 期。

殷登国：《二月惊蛰谈雷神——雷公信仰与雷击的怪诞传说》，《紫禁城》2010 年第 3 期。

殷登国：《十二月廿三送灶神——灶神起源与祭灶风俗》，《紫禁城》2011 年第 01 期。

余玮：《从节气到节日——杭州“半山立夏节”的民俗传承及价值初探》，《非物质文化遗产研究集刊》2017 年。

张勃，王改凌：《再次命名与传统节日的现代转换——基于重阳节当代变迁的思考》，《西北民族研究》2015 年第 4 期。

张勃：《传统节日的全媒体传播》，《光明日报》2016 年 2 月。

张勃：《二月二的节俗流变》，《文化月刊》2014 年第 7 期。

张勃：《先有“二月二”，后有“龙抬头”——二月二的起源、流变及其文化意义》，《民间文化论坛》2012 年第 5 期。

张舰戈：《唐宋时期中元节民俗内涵演变考究》，《史志学刊》2018 年第 3 期。

张晶：《唐代冬至节研究》，陕西师范大学 2008 年硕士学位论文。

赵逵夫：《七夕节的历史与七夕文化的乞巧内容》，《民俗研究》2011 年第 3 期。

周德华：《蚕神崇拜与祀蚕神祠兼记盛泽先蚕祠的蚕文化特色》，《江苏蚕业》2002 年第 1 期。

周思杨：《爱的时间一一试探我国当代爱情节日序列》，上海师范大学硕士学位论文 2013 年。

朱海滨：《国家武神关羽明初兴起考——从姜子牙到关羽》，《中国社会经济史研究》2011 年第 1 期。

祝鹏程：《迎接新的驿程：构筑多元行动方的非遗保护机制》，《民间文化论坛》2017 年第 1 期。